本书受上海交通大学设计学院著作出版资助

设计系统发展研究

张 湛◎著

上海交通大学出版社
SHANGHAI JIAO TONG UNIVERSITY PRESS

内容提要

本书将对我国设计系统发展现状进行分析,整理出我国设计系统结构框架,同时将框架扩展到部分创新能力较强的国家,并以案例为基础进行各自的国家设计系统发展经验调查与分析;通过国际比较总结设计系统的基础运行机制。利用定量方法对我国设计系统的综合绩效进行评价;针对我国现有设计系统的构成,参考现有设计系统理论、设计指数和竞争力理论,从各主体对设计产业的支持和活动状况进行分类,建构我国设计系统动力学模型,并分析设计系统促进设计产业发展的机制;根据以上研究结果,提出设计系统协助国家创新可持续发展的目标及可行性措施。本书适合设计管理研究者及对相关领域感兴趣的读者参考。

图书在版编目(CIP)数据

设计系统发展研究/张湛著. —上海:上海交通
大学出版社,2022.11
  ISBN 978-7-313-27031-3

  Ⅰ.①设… Ⅱ.①张… Ⅲ.①设计学-研究-中国
Ⅳ.①TB21

中国版本图书馆 CIP 数据核字(2022)第 110800 号

设计系统发展研究
SHEJI XITONG FAZHAN YANJIU

著　者:张　湛
出版发行:上海交通大学出版社　　　　　地　　址:上海市番禺路 951 号
邮政编码:200030　　　　　　　　　　　电　　话:021-64071208
印　　制:上海新艺印刷有限公司　　　　经　　销:全国新华书店
开　　本:710mm×1000mm　1/16　　　印　　张:10.75
字　　数:167 千字
版　　次:2022 年 11 月第 1 版　　　　　印　　次:2022 年 11 月第 1 次印刷
书　　号:ISBN 978-7-313-27031-3
定　　价:68.00 元

前　言

在世界经济结构发生较大调整，产业格局极速变动，不断有新业态出现的当下，设计作为创新的重要工具正越来越得到重视。

我国正处于转型发展的关键时期，经过多年快速发展时期的累积形成了自己的国家设计系统。但传统设计系统理论偏重于政府政策研究，不太涉及产业发展，而现有的宏观设计管理研究对设计系统的研究又较为缺乏。为了更好地了解我国现有的设计系统，寻找可改进的空间，促进设计系统良性运转，以保障产业的健康快速发展，从而促进国家创新能力的发展，本书利用绩效评价和系统动力学理论系统地对我国的设计系统进行了研究。

首先本书使用文献整理与综述分析等方法明确了设计系统的概念。本书强调设计系统的作用是通过促进设计知识的产生和流通来推动设计产业发展。设计系统由促进设计驱动创新的组织机构构成，为政府提供形成和执行关于设计创新政策的框架。

在具体研究中，为了更好地阐述设计系统的概念，本书对我国设计行业发展现状进行了描述，整理出我国设计系统的组织框架。随后又整理了英国、欧盟、美国、日本、韩国等地区的设计系统框架进行国际比较。通过对比总结，本书提出设计系统运行的二元驱动机制,即政府资助是发展中经济体设计促进产业创新的启动器,市场机制是发达经济体设计促进产业创新的助推器。

为了明确我国设计系统的发展绩效,本书使用定量方法对我国设计系统进行综合绩效评价。首先利用两阶段 DEA 模型对设计系统进行创新效率评价,收集了创新能力较强的 14 个国家的数据,通过有效性评价、规模效益分析和投影分析进行了综合比较。由此得出,我国设计系统第一阶段创新环境条件发展较好,但在第二阶段,即把创新成果转化为经济效益的部分,效率较低,产业配置不够合理,尚有较大改善空间。随后利用满意度模型对从业人员的主观感受方面做了调查,用结构方程对模型进行了验证,证明从业人员满意度主要与从业人员抱怨程度和忠诚度两个因素有关。同时,调查分析显示,我国设计从业者对设计系统的满意度不高,且在政策落实、制度保障、个人利益保障等方面存在落差。

为了明确系统中各参与因素的相互关系,本书参考了现有的设计指数和竞争力模型,建构了设计系统的系统动力学模型,将现有设计系统分为设计产业、设计教育、关联环境、政府政策四大子系统,具体分析了系统内部各因素之间的相互关系。随后使用工业设计行业作为案例进行实证分析,对模型进行验证,证明该模型能成功模拟设计系统运转状况。最后做了四组仿真模拟实验,实验证明政府调控在我国设计系统中影响最为重大,尤其是教育支出会较大影响产业规模。

对研究进行总结后,本书提出了五点主要的政策建议:从顶层设计角度厘清设计公共服务组织架构;增加设计系统信息公开渠道和宣传措施;通过提升专利转化价值来提高设计系统效率;促进教育和产业融合,将设计纳入基础课程;设计国家形象,提高文化输出影响力。

目 录

第1章 绪论 001

  1.1 设计创新加强国家产业竞争优势 001

  1.2 利用设计系统研究促进国家战略转型 002

  1.3 主要问题及目标分析 003

  1.4 设计系统研究架构 004

  1.5 研究方法 005

  1.6 研究路径 006

  1.7 研究的主要创新点 007

第2章 设计创新及设计系统理论发展状况 009

  2.1 设计创新的宏观作用 009

  2.2 设计系统研究进展 012

  2.3 设计系统模型相关研究进展 019

  2.4 设计系统绩效评价方法 028

  2.5 本章小结 032

第3章 设计系统发展现状分析 035

  3.1 我国设计系统发展 035

  3.2 我国设计系统结构框架 046

  3.3 其他国家设计系统发展案例 049

3.4 设计系统二元驱动机制 070

3.5 本章小结 072

第 4 章　设计系统的综合绩效评价 073

4.1 设计系统的创新效率评价研究 073

4.2 国家设计系统的满意度研究 084

4.3 本章小结 105

第 5 章　系统动力学视角下的设计系统模型建构 106

5.1 设计系统模型的构成要素 106

5.2 系统动力学视角下的设计系统模型建构 107

5.3 工业设计系统模型实证检验 124

5.4 本章小结 139

第 6 章　总结与启示 141

6.1 研究结论 141

6.2 政策建议 145

6.3 研究不足与展望 152

附录 154

工业设计系统相关数据 2013—2018 154

参考文献 156

后记 163

第 *1* 章　绪　论

1.1　设计创新加强国家产业竞争优势

在当今时代,世界各国与区域间竞争日趋激烈,依靠自然资源与低成本人力资源投入的要素推动型发展模式正在向依靠创造力获取垄断性竞争优势的创新驱动型模式转变[1]。党的十八大报告提出的"加快建设国家创新体系"的指示,已成为我国面向未来的重大发展战略。[2]。

近年来,我国经济总量规模和增长速度均已位居世界前列,全球竞争力逐年增强,但是我国创新发展和产业结构还有很大的提升空间,急需借鉴和吸收发达国家提升创新能力的宝贵经验,规避主要依靠资源驱动的发展模式。相比发达国家将设计战略整体纳入国家创新体系的重要部分,我国还缺乏系统的国家设计政策和科学规范的设计产业策略,缺少明确的设计产业发展目标,因而导致设计的产业化和经济效益程度还较低[3]。

在实践层面上,设计已成为创新经济时代的国家战略选择与政策组成部分。设计创新是一种生产力,是创造高附加值产品的主要手段,是设计师的立身之本与核心竞争力,也是企业和行业实现可持续发展的必要前提与重要保证。在微观层面上,设计帮助企业发展,促进工艺、流程、思维、服务、产品等多方面内容上的创新。在宏观层面上,设计帮助国家在社会和经济发展方面提升竞争力,设计资源的分配、设计教育的组成、设计政策的支持是决定设计产业发展、创新经济发展的重要因素,但如何才能最大化落实这些结构需要系统性方案和政策。产业的成功对国民经济发展至关重要,众多学者、专家、企业家都同意国家层面的政策会对产业造成极大影响,就设计来说,其核心意义在于加强国家产业竞争优势,在国际竞争市场上加大产品差异化优势[4]。

国际上很多国家已经意识到了设计对创新的巨大推动作用,并从政策层面进行了系统的管理。芬兰最早提出了将设计纳入国家管理的方方面面,让设计创新作为国策驱动产业发展,创造出竞争优势和价值[5]。欧盟十国(法国、德国、意大利、西班牙、葡萄牙、丹麦、芬兰、荷兰、瑞典、卢森堡)于 2013 年启动了"设计政策评价""分享体验欧洲""设计管理基金""设计价值评估""面向 Living labs 的整合设计"这五大设计战略计划。该系列计划明确提出未来 20 年欧盟在设计创新领域面临着三大挑战:如何有效地在全球化视野下深度定位和发展欧洲创新设计战略;如何将创新设计融入欧洲合作开放的创新体系,以造福企业、公共部门和全社会;如何提供足够的公共资金来提高欧洲公民的设计素质,建立欧洲设计竞争力评价和促进体系。在金砖国家中,印度和巴西都非常重视设计的作用并形成自己的国家设计系统,以帮助产业创新发展,力图通过设计创新加强国际竞争力。

相比较而言,我国的设计产业虽然起步较晚,发展却非常迅速。从国家对该产业的宏观管理来看,我国没有明确的设计产业分类,各部门对该产业管理的界限尚不清晰,设计部门受到工信部、国家发展和改革委员会、科学技术部、国家知识产权局等多个部门的重视与支持,但又缺乏协调统一的明确分工与联系。公共部门的整体位势不高,针对性不强,推动设计产业发展的职能尚未充分发挥[6]。在目前的发展状况下,我国虽然有一定的设计体系,包括政策、组织架构等,但并没有针对设计系统的宏观设计管理进行研究。整体来说,虽然我国有良好的设计提升创新能力的愿景,但设计产业尚有较大提升空间。

1.2 利用设计系统研究促进国家战略转型

路甬祥院士认为,设计是制造服务的先导和关键环节[7],它决定了产品的功能品质和全生命周期的经济、社会、文化和生态价值[8]。设计创新产品、工具装备、制造方式、经营服务,不仅可以创造和提升价值,增强企业品牌信誉和提高市场竞争力,还可以创造与引领新的市场和社会需求。建设创新型国家对提升我国设计创新能力,实施创新驱动发展战略,促进我国从制造大国向制造强国跨越具有十分重要的意义。

现有的芬兰、英国、韩国、新加坡等国的设计评价通常参考国家竞争力评价方法,遴选若干与设计相关的指标要素,如研发投入、人才培养、公共服务、品牌价值等作为输入要素,以及盈利规模、税收水平等作为输出因素开展测度评估[9]。设计地位的取得是国家支撑体系(包括政府政策研究、产业检测、金融投资、技术支持等)、社会推广体系(包括设计协会、设计推广机构、社会公共平台等)、设计生产体系(包括设计研究中心、专业企业和综合企业等)、院校教育系统(包括高等院校、研究院、培训机构、专业培训等)等综合作用的结果[10]。相比已经发展完善的国家创新系统模型,设计系统的结构相对简单,对绩效测评较少研究,并且主要集中于设计主体的活动上,对促进创新的设计生产过程较少关注。

本研究面向设计产业,以利于产业发展为核心目标,对设计系统进行梳理,系统研究从宏观角度如何促进设计产业快速健康发展。本研究将基于已有的国家创新系统评估模型进行符合我国国情的修正,并以此评估我国设计产业发展状况,通过比较分析和总结存在的问题,提出较为完整的国家设计系统模型,完善创新设计评价体系。一方面可以在不同层面起到现状评估的作用,厘清我国设计产业的比较竞争优势和劣势;另一方面可以起到重要的引导作用,有利于促进设计产业政策的完善。

本研究以设计产业为研究对象,提供新的宏观设计管理研究思路,填补目前我国设计系统研究的空白点。根据研究结果,作者提出有利于发展设计产业的政策建议,即利用设计创新协助国家产业创新发展,立足国家战略推进创新转型,通过提升科技、体制、管理和经营服务创新,支持引领高端制造等新兴产业发展,提升国家和社会安全保障能力,繁荣发展文化事业及其衍生产业,提升国家文化软实力。

1.3 主要问题及目标分析

本研究拟解决的主要问题和研究目标:

(1) 对国家层面的设计系统进行研究,基于国家、社会创新理论,重点从系统主体的构成及其促进设计产业发展的活动类型进行分类归纳,分析我国设计系统组成结构;并通过对比国际其他几个创新能力较强的国家的设计系统结构,分析各国设计系统运转机制。

（2）为了了解我国设计系统的运行状况,需要对我国设计系统进行绩效评价。绩效（performance）是指成绩与成效的综合评价,一方面使用量化的经济效益产出来衡量,另一方面也需要综合从业人员的主观评价。两者综合起来形成对我国设计系统运行状况的评估。本研究还总结了我国设计系统的优势和不足之处。

（3）在明确了我国设计系统的绩效之后,需要对设计系统的内部进行梳理,研究其中主体对设计系统产出的影响作用。因此运用系统动力学方法对我国设计系统进行模型建构,通过量化方法计算各主体间相互影响的关系,并根据模型进行仿真模拟、趋势分析,据此提出可供操作的政策建议。

1.4 设计系统研究架构

本研究以国家层面的设计系统为主要研究对象,分别对以下四个方面进行研究:

1）设计系统结构与对比分析

基于已有的设计系统理论文献,对我国设计系统发展现状进行分析,整理出我国设计系统结构框架,同时将框架扩展到部分创新能力较强的国家,如国际上设计系统发展较为成功的英国、欧盟、美国和亚洲地区的韩国、日本等,以案例为基础进行各自的国家设计系统发展经验调查与分析。通过国际比较总结设计系统的基础运行机制。

2）国家设计系统综合绩效评价

利用定量方法对我国设计系统的综合绩效进行评价。绩效评价能够帮助研究者了解产业发展的优势和劣势,提出更具有针对性的建议。本研究使用了两阶段DEA模型对含我国在内的世界创新指数排名靠前的14个国家进行了设计系统相对效率分析,以此对我国设计系统的创新效率进行评估。同时采用了满意度模型对我国设计从业者进行了调查研究,从主观的角度对设计系统进行了评价。

3）我国设计系统模型建构

针对我国现有设计系统的构成,参考设计系统理论、设计指数和竞争力理论,从各主体对设计产业的支持和活动状况进行分类,建构我国设计系统动力学模型,并分析设计系统促进设计产业发展的机制。利用系统动力学的仿真模拟功能对未来进行趋势预测,从而确定对设计产业影响最大的相关因素。

4) 我国设计系统发展政策建议

根据以上研究结果,提出设计系统协助国家创新可持续发展的目标以及可行性措施。在已建立模型的基础上提出符合国情的设计系统政策建议。

1.5　研究方法

本书围绕研究目标和研究内容,着重于国家设计系统兼顾设计产业、推动创新等特征,结合我国设计发展实际,采用以下几种方法进行研究。

1) 文献研究

本书通过对社会创新理论、国家创新体系、设计创新理论等理论的梳理研究,结合前人对竞争力的研究成果,对文献资料进行整理、归纳、分析,总结出适用于本研究的理论综述。同时通过对公开统计数据的处理分析验证设计系统发展现状。

2) 比较分析

以欧盟、美国、英国、日本、韩国等先行进行国家设计系统研究的地区为基础进行比较分析,追踪它们的相关政策和产业动态,并比较其他国家设计系统和我国设计系统框架结构,形成对设计系统的基本认识。

3) 定量分析

本书使用权威统计数据代入模型进行计算。主要使用的方法是测量创新绩效的 DEA 方法,用于描述模糊关系的系统动力学方法,以及用于验证满意度模型的 SEM 结构方程。

4) 实证分析

为了让设计系统理论模型能够具有真实性,本书进行了实证研究,通过实际统计数据和实际调查对模型进行验证,以确保结论真实有效,并利用实证分析解释其数据结果。

本书在运用以上几种方法得到相关理论、分析和相关数据后,基于对设计系统的全面比较、理解和把握,结合设计自身特点,立足于产业发展的实践层面,通过对发展案例的实证分析,综合评估我国设计系统的发展现状,并对我国设计产业的提升路径和未来创新发展趋势提出具有可操作意义的政策建议。

1.6 研究路径

本书的具体研究技术路线如图1-1所示。

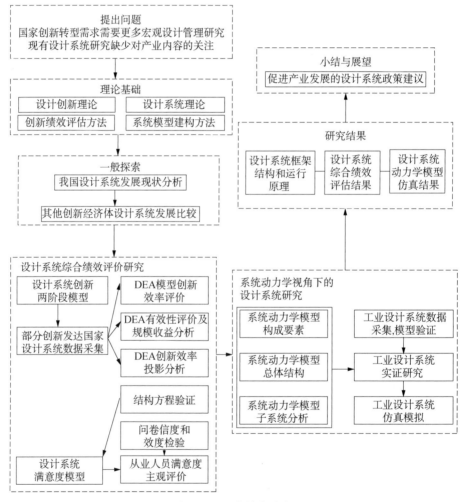

图1-1 研究技术路线

具体可分为以下几个步骤：

（1）提出问题：探寻设计系统理论和实践背景，并做相关文献综述。在国家创新转型阶段，宏观设计管理研究需要得到更多重视，但现有的国家设计系统研究较少涉及产业及产业推动创新方面的内容。

（2）理论基础：利用文献阅读获得设计系统促进创新理论和国家创新系统理论，从而对设计系统概念进行明确。了解评价系统综合绩效的方法，包括 DEA 模型及满意度模型使用方法，以及系统动力学建模方法。

（3）一般探索：分析我国设计系统发展现状，同时比较分析国外设计系统发展经验，从而形成对设计系统框架结构和运转机制的认识。

（4）具体研究：在前述基础上对相关主体和活动要素进行分类归纳，利用两阶段 DEA 模型，采集统计数据，进行创新效率评估。再通过对从业人员的定量调查采集满意度数据，利用结构方程验证模型，综合评估我国设计系统效用。利用系统动力学模型综合分析系统内各因素的相互影响关系，并对模型进行仿真模拟。

（5）小结与展望：根据具体研究结果提出提升设计系统效率，有利于设计产业发展的政策建议。

1.7 研究的主要创新点

本书取得的主要创新点如下：

1）面向产业发展梳理设计系统概念

国家设计系统是一个相对新颖的概念，主要集中于设计政策方面的研究，并以国外研究居多。而在国内因为缺乏对宏观设计管理的研究，所以仅在少量书里发现有较少篇幅的提及。原国家设计系统的概念为以设计行为为核心，以政府导向为推动力，以设计推广、设计促进、设计教育、设计生产为主体研究的设计活动。

本研究认为，国家层面的设计系统应当建立起以产业为核心，以设计驱动创新为主旨，以产学研结构为主体，其他主体参与协同创新的运行机制。

2）比较我国和其他五国的设计系统，提出了设计系统运行的二元驱动机制

本研究对我国和世界其他五国的设计系统运行状况进行了追踪和比较分析，

制作了图示形式的框架图，通过比较分析，本研究提出了设计系统运行的二元驱动机制，即在不同经济条件下的政府启动和市场驱动两种。在欠发达地区，政府是设计系统运行的启动器。当设计系统良性运转，亦即市场成熟度较高，市场经济较为发达时，市场提供了设计的需求，成为设计系统运行的助推器。虽然国家已经认识到设计创新的重要性，但我国设计系统距离完善尚有一定的距离。因此，这一研究成果对将设计提升到战略政策方面有重要作用。

3）采用数据量化方式评估设计系统综合绩效

诸多限制决定了设计产业的研究很难像传统产业研究那样具有精确的测算依据，更何况创新本身的测量就存在种种限制。设计研究偏向定性研究，以定量分析为主要依据的研究较少。设计研究工作者大多集中于对地区及城市网络集聚，乃至设计师本身创新方式等小范围内的研究，缺乏具有国际视野的系统战略分析。本研究借鉴国家创新系统的绩效评价，构建 DEA 模型和满意度模型，并结合主观调查和客观统计，使结果更客观可信，力求获得贴近实际的现状分析。

4）结合竞争优势理论建立了设计系统的系统动力学模型

传统设计指数通常比较重视单个方面，本书参考了波特的竞争优势理论，利用系统动力学分析方法构建了新的设计系统模型，并对其中因果关系进行了梳理和分析。为了验证模型的可行性，又引入了工业设计产业的实际统计数据，根据实证研究对模型进行了验证。模型通过验证，证明了本模型可以用于预测仿真，通过四组仿真模拟，验证了在我国，政府调控尤其是教育支出会对设计产业产生重要的影响。

第2章 设计创新及设计系统理论发展状况

2.1 设计创新的宏观作用

2.1.1 设计创新提升国家竞争力

在竞争力领域影响最大的美国经济学家波特在《国家竞争优势》中指出:"竞争实际上不是国家之间,而是在公司之间进行的""任何国家在其宏观经济方面的成功,实际上是其各个企业所获成就的综合体现"[11]。国家竞争优势理论从企业层面出发,最终影响了国家的竞争力。企业竞争力一贯是评价世界各国国际竞争力的重要指标,相关度极高。企业竞争力是影响和决定一个国家竞争力的关键因素,是国家竞争力的核心。国家竞争力关注的重点是国家产业创新和升级的能力,即该国获得高水平生产力及持续提升生产力的能力。一个国家的竞争力除了看整个国民经济的规模,同时也需要看该国是否有一些独特且难以复制的产业或集群[12]。

在2002年世界经济论坛报告中,新西兰经济研究所的《全球竞争力报告:设计指标》为一个国家的整体竞争力和设计的有效利用这两者之间提供了非常清晰明确的线性关系。尽管我国的经济总量已经跃居全球第二,但从世界经济论坛全球发布的竞争力报告来看,在2006—2007年的世界经济论坛报告里,"价值链"这一竞争力统计中,价值链从1排到7,1代表从原始资源中取得产品,7代表高端价值链,包括销售溢价、设计、市场销售和后续服务。我国综合竞争力排名56,得分3.7,低于3.8的平均线,与发达国家差距较大,甚至和同为金砖国家的印度都有不小的差距。在 2011—2012 年的报告里,中国综合竞争力处于第 26 位。经济总量的提升无法掩盖我国创新能力和国际竞争力的短板[13]。而 2015—2016 年的报告又明确指出,中国经济发展的竞争力评估中,"创新能力匮乏是最重要的问题,严重影响中国产业从制造驱动转型至原创设计"[14],这对我国建设创新型国家是个显著的挑战。

设计是决定 21 世纪国际竞争地位的战略性产业之一,它是典型的知识密集型产业。通过发展设计产业来带动相关产业的发展在发达国家已经取得了巨大的效用,产业模式较成熟。设计正成为提升国民生活质量,提高国家竞争地位,促进国民经济增长的核心产业。设计具有强大的整合能力,可为社会、消费者创造新的价值和意义,在呼唤可持续发展的现在,"服务系统"的设计已进入当今的"产业结构创新"的整合社会机制——"生产方式与生活方式"创新的层次[15]。中国正在努力实现从原始设备制造商(OEM)模式低端加工向智能制造高端输出的转型,逐渐形成通过发展设计实现产品差异化的企业模式。通过大力发展设计产业,扩大研发和创新力量,发展具有自主知识产权的创新产品,形成新的产业模式。经由自主设计创新产品,企业将全面实施竞争力和竞争模式的转型;经由形成新的自主品牌模式,企业将最终发展成具有国际竞争力的品牌[16]。整体而言,只有大量企业积极地进行这种转型,我国才能从产业层面提升价值,提高生产率,提升国家的整体竞争力。

设计是从知识产权到营销策略的宏观统筹,是以技术、艺术、价值观为核心的辐射扩散。以设计为核心,整合技术、艺术、文化资源,发展涵盖制造业和文化创意产业的"设计产业"是符合国情的产业发展策略[17]。

设计产业已经成为全球知识密集型和服务型产业中发展最快的产业之一。在这个经济效益最受重视的语境中,设计展现出了突出的竞争力。产品的竞争、经济力的竞争,甚至国家的竞争,越来越多地走向设计的竞争、文化的竞争。

2.1.2　设计驱动型创新理论

设计驱动创新是近几年创新管理领域一个重要的研究对象。设计驱动型创新理论是对创新动态模型(innovation dynamics)和主导设计(dominant design)理论的继承和发展[18]。

在早期的研究中,设计的含义比较模糊,设计经常被认为是研发中的一部分,或者被认为是研发产出的一种解决方案,比如主导设计。不过学者们很快认识到,设计既是技术的集合,也是文化的集合。特别是当一种全新的、无法用旧有观念来分类的产品出现时,只用技术推动和市场拉动理论来解释都是不够的,还必须考虑社会文化因素以及设计师的创意为产品付出的结果。基于此,维甘提修改了创新动力模型,将"设计驱动"作为市场推动和技术推动之外的第三种创新动力引入了创新模型。在这一模式中,设计被视为一种创新中的整合过程,其整合的对象为来自技术、市场需求、产品语言三方面的知识[19]。

珀克斯等对设计功能进行了更深入的研究,认为设计在创新中具有功能、整合、领导三种角色。作为功能性的设计主要在企业实施渐进性开发时起作用,设计主要是作为快速迭代和反馈的手段;当企业大量使用外部设计资源时,设计主要起到协调内外部资源的作用;而当企业要开发突破性创新产品时,设计师则需要担当领导的角色,同时控制市场拉动因素和技术推动因素[20]。随后维甘提又对设计驱动式创新和技术创新进行比较,比较了设计驱动和技术推动、产品语言(意义)创新和破坏性创新、社会文化体制和科技体制、原型产品和主导设计、产品语言创新和结构创新、设计研究和技术研究、设计环境和商务生态及开放式创新环境、产品语言传递者和看门人角色及技术传递者、设计吸收能力和技术吸收能力这九组的区别。这种比较研究最终融合了设计驱动型创新和传统创新理论,也有助于研究者认识到设计驱动型创新的本质[21]。

目前世界上设计驱动型创新理论的研究主体以意大利、美国、英国和我国各所大学为主。意大利以米兰理工大学和博洛尼亚大学为主,主要在产品语义、符号价值上对设计驱动创新的产品进行研究。英国学者基于对设计思维的长期研究,对设计在产品开发中的角色和作用方面的研究比较深入,认为设计是一种重要的企业竞争战略。他们在中观和宏观研究领域主要从竞争力角度来研究设计与创新的关系。美国研究者则侧重于创新管理,与管理学结合紧密,如组织理论、动态能力理论、创新理论、营销理论等,影响相对较大,也有很多学者从社会学、人类学角度进行梳理。在我国,因为早期设计研究由工业设计、艺术设计研究者进行,缺乏一定的管理经验,虽然提出了类似的观念,但并未取得深入的进展。2010 年后浙江大学陈雪颂、清华大学陈劲、南京航空航天大学陈圻在这方面做了主要的引进、推介和研究工作。陈雪颂将设计驱动型创新定义如下:以设计行为及其逻辑为主导,面向开放性社会文化环境和技术环境,整合企业内外的各类资源,实现对现有技术知识和社会文化知识的创造性应用和组合,创造出新产品或服务的创新活动[22]。他从创新哲学的角度出发,认为设计驱动型创新强调的是从产品与人、产品与社会的角度出发,通过产品创新来创造人类的可能性。

企业要具备难以模仿的核心竞争力,方能维持竞争优势。对于实施设计驱动型创新战略的企业来说,其核心能力即为设计创新能力。对于以制造产品(服务)为主要目标的企业来说,设计的意义和价值在于创造新的产品意义。林多瓦和佩特科娃认为设计者主要从产品的功能性、美学特性和符号性三个角度来确定产品的意义[23]。拉斐尔等也有类似的观点[24]。产品语义学则认为,语构、语用、语意与外形符号、产品功能和产品意义的设计一一对应[25]。设计驱动型创新所需的核心能力可理解为对产品语义设计能力和产品功能设计能力的组合。企业实施设计驱动型创新战略,必须为其发展构建相应的机制[26]。

设计是决定国际竞争力的战略性产业之一。设计产业对于中国经济竞争力的战略性价值反映在两个方面:一方面是设计本身所表现出的强大竞争力,主要反映在设计行业的壮大发展中;另一方面是通过设计改良而提高的产品附加值,它体现了设计促进生产性服务业发展的特征。在供大于求的现代经济社会中,商业竞争的核心正逐渐从技术转到设计,物品的象征价值、消费属性和审美感受变得更加重要[17],设计创造新的产品属类,在创新市场的竞争中取得优势地位。

2.2　设计系统研究进展

2.2.1　设计系统理论发展

设计作为实践性学科,自 20 世纪后才得以发展,其中设计管理这一概念借鉴经济管理学概念从 20 世纪 90 年代开始兴起,至今偏向实践应用而非理论研究,而设计系统作为理论目前刚刚起步,并无国际公认的定义。

"设计系统"这一概念最早由洛夫在 2007 年提出(作为设计基础设施)[27],其主要内容是基于国家创新系统的概念用于描绘推动设计产业创新发展的各类相关主体及其活动。洛夫和随后的穆特里、利夫西将国家设计系统称为"一种政策工具",将"设计基础设施"作为比较不同国家设计系统的框架网络并将其发展为"国家设计系统"[28]。在后续研究中,墨菲和卡伍德明确将这一复杂网络结构称为"国家设计系统"(national design system),强调其对国家政策的引导作用。他们将"国家设计系统"定义为以一种图示的形式梳理设计产业结构,用于表示在创新发展、知识扩散的过程中复杂的相关因素构成的网络。其重点在于辨识相关要素、这些要素在国家层面的作用和对设计推广的作用,以及要素间的关系。其目的在于辨认影响不同国家设计发展的不良因素。通过对创新主体及其相互作用的系统性研究,能更好地为解决设计产业创新发展中的系统失灵问题提供依据[4]。

我国学界对设计系统的研究相对较少。香港理工大学的赫斯克特教授最早对宏观设计管理概念进行了叙述和传播[29],刘曦卉随后对我国的设计产业进行了比较和研究,对我国设计产业竞争力进行模式分析[30]。近几年伴随着国家实行创新转型的迫切需求,设计产业竞争力迅速成为业内较为关注的研究热点。柳冠中总结了我国工业设计发展的问题和桎梏,提出从企业内部和外部(国家设计政策和体系)来提升设计价值,形成可持续发展的竞争力[10]。邹其昌从设计产业角度提出 P(policy,政策)、M(morphology,形态)、B(brand,品牌)、T(talent,人才)、A(assessment,评估)五项,为其继续深入研究设计竞争力提供了一定的解决思路[31]。路甬祥作为两院院士、全国人大常委会原副委员长,则更侧重于政策的实践,他从设计引领创新、增强国家综合实力的角度对设计需要整体规划,形成产业竞争力,形成设计文化,推动国家创新发展进行了论述[32]。

郭雯、张宏云整理研究了多个国家的设计系统,认为我国设计系统存在国家层面的缺位,地方上的支持力度也不够[33]。张立群基于对设计之都的研究,从城市发展的角度补充支持了设计系统的研究,认为设计体系成为国家和城市构建设计创新能力的基础保证,设计驱动的创新正在成为许多国家和都市创新体系的一部分,国家与城市设计品牌建设已进入政策制定议程,他还提出我国需要加强设计服务体系建设,完善国家设计体系[34]。由中科院领衔的创新设计发展战略研究项目组提出需要构建国家创新发展战略框架内的创新设计生态系统,但以实践战略为主,没有在理论研究方面多加论述[17]。

2.2.2 设计系统的构成内容

根据墨菲和卡伍德的描述,国家设计系统为国家设计活动的组织框架。其内容和设计活动的相关主体如下:在设计活动中积累知识与能力的组织,如设计服务企业、市场中介服务组织、行业协会等;对设计产业发挥政策性引导作用、提供资金资助的相关主体,如政府、非营利性组织等公共部门。因此,国家设计系统的相关主体既涵盖了政府、非营利性组织等公共部门,也涵盖了市场中介服务、设计企业等私人部门。相关活动指由各类相关主体在推动设计产业发展过程中开展的设计促进(design promotion)、设计支持(design support)、设计教育(design education)、设计政策(design policy)四类活动[4],如图 2-1 所示。

对这其中的四大类活动的整理如表 2-1 所示。

图 2-1 国家设计系统简图

表 2-1 国家设计系统主体因素分类

活动	目标	主体	行为
设计促进	提高大众对设计的认识和对设计价值的认可	政府等公共部门	通过多种方式,如展览、嘉奖、会议、论坛和出版物等提高大众对设计的认识和对设计价值的认可
设计支持	针对企业等需要具体设计的主体提高设计价值	市场中介及民营机构	帮助设计和企业搭建桥梁
设计教育	通过教育培育并提升设计影响力	非营利性组织及专业协会	传统高等教育及职业教育、专业性培训
设计政策	充分开发设计资源并使之发挥积极作用	各级相关单位	利用政策、项目、行为等方式实现政治愿景

其中,设计促进计划主要是针对广大的公众,目标是大范围的设计影响力。设计支持主要支持采用设计提高企业商务能力或产品竞争力的企业。设计支持项目的目标比设计促进更明确,往往是有形、可评价的具体目标,如在设计和工业企业之间搭建桥梁。设计教育的目标对象是设计师,包括传统教育,如本科和研究生教育,以及专业性培训。设计政策是政府以项目、行为等方式实现政治愿景,即充分开发国家设计资源并使它们发挥积极的作用。设计支持、设计促进、设计教育都是促使通过设计应用获取竞争力的主要方面。然而,为了获取最大优势,还需要战略计划或政策的支持。设计政策则是第四个重要因素,它将战略性地引导一个国家设计项目的实施与开发。

沃尔特斯等在墨菲和卡伍德提出的国家设计系统的基础上提出了由九个要素构成的欧洲设计系统模型,分为设计供给与设计需求两个部分,完整地描述了设计系统的主体与关系,被认定为欧洲制定设计政策的工作框架,也被其他国家和地区所借鉴[35],如图 2-2 所示。

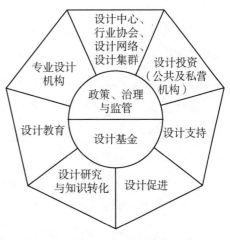

图 2-2　欧洲设计系统(惠彻,2012)

欧 洲 DeEP (Design in European Policy)是由米兰理工大学等欧洲著名学府组成的课题组,其研究的设计政策评价体系是欧盟未来 20 年创新设计五大战略的一个重要组成部分。该体系明确提出探索设计政策、改善设计政策评估标准、发展设计政策指标、实现深层次设计评估工具四大步骤。该体系的设计政策指标分为微观和宏观两类,宏观指标主要包括设计投资、设计部门、设计供给三大方面;而微观指标主要包括设计领导阶层、设计管理、设计执行三大方面。基于上述指标系统形成完整的设计评估指标,在不同国家开展设计产业评价,为欧盟的创新设计战略做相应规划。

欧洲 SEE 平台作为欧盟资助的设计政策研究平台,由在设计系统有深入研究的惠彻和卡伍德领衔,一直在以多项指标评测欧洲数国的设计政策研究。其设计评价体系选择了可测量的八大指标作为国家设计产业发展的主要衡量体系：使用设计战略的公司数目、自有设计师的公司数目、有设计活动的组织数目、有创新活动的组织数目、GDP里对设计的公共支出、GDP里对研究与开发(R&D)的公共支出、商业里对设计的支出和商业里对R&D的支出[36]。

总体来说，设计系统研究以欧盟为主导，尤其是以英国、意大利等传统设计强国为主，其重点在于作为一种政策工具评估国家的设计竞争力，强调的是政府引导的创新设计组织架构。除此之外，韩国、日本、巴西、印度、墨西哥等国亦提出自己的国家级顶层设计政策，但多以实践战略需求为主，理论研究方面着墨不多。

2.2.3 国家创新系统理论

现有的设计系统理论侧重行业组织和政策引导的部分，但本书认为，设计系统需要把核心放在产业发展上，因此有必要追溯设计系统理论的缘起——国家创新系统理论，重新梳理其概念，对设计系统进行再定义。

国家创新系统可以追溯到美国经济学家熊彼特于1912年提出的创新理论。熊彼特被认为是现代创新理论的奠基者。他认为创新是一个内在因素，经济发展是"来自内部自身创造性的关于经济生活的一种变动"。他还指出完全竞争并不是一种完美的市场结构，因为完全竞争使得企业无法获得超额利润，而垄断可以促进创新，这一理论被称为"熊彼特假说"[37]。在随后的几十年里，大量国别研究试图检验这一假说，结果并未得到统一的结论。但熊彼特最先将创新概念引入经济学，启发了后世学者对创新经济的研究，如温特于1984年就提出所有竞争优势的来源均可用创新来解释，其差异源于创新历史和现在的差异。后来美国总统竞争力委员会亦支持了这一观点，认为竞争力不再主要取决于原材料及劳动力成本，而是在于比竞争者更有能力去创造、获取和应用知识。

熊彼特在经济学里的经典定义指明了五种创新：①推出新产品或提高原有产品质量；②提出新的生产工艺；③打开新市场；④获得原材料和半成品的新来源；⑤成立新的行业组织，形成垄断或打破垄断。简言之，利用更少的资源做好一件事或者用相同的资源产生更大或更好的效果，也被视为衡量技术创新的重要原则[37]。这成为创新研究的理论基础。

弗里曼在 1987 年首先提出了"国家创新系统"的概念。他将国家创新系统定义为公共和私营部门中的机构网络,其活动和相互影响促进了新技术的开发、引进和扩散。随后纳尔逊在理论方面进行了拓展,将互动学习、用户-生产商互动和创新置于分析的中心,发展出一种不同于新古典经济学传统的新研究范式。伦德瓦尔在另一个方面进行了论述。他认为"生产的结构"和"建立制度"是用于"共同界定创新系统"的两个重要维度,并以类似的方式分出了支持研发的组织。他把这些促进知识的创造与扩散的组织视为创新的主要来源[38]。

我国的国家创新系统研究始于 20 世纪 80 年代末,创新研究走向"系统范式",并涌现了大量理论研究。这些理论概念大致可以分为两类:一是讨论创新系统的空间和地理特性,如国家创新系统、区域创新系统、区域创新网络、产业集群等特别关注创新的空间组织形态和内涵;二是从产业技术特性分析创新系统理论,如产业创新系统、部门创新系统和技术创新系统则特别关注创新的技术特性[39]。无论是空间创新系统,还是产业技术创新系统,都坚持系统思维,关注经济动力,将创新视为经济发展的根本动力。这些创新系统研究主要包括了促进知识生产、扩散、储存、转移、传播和应用的机构,即包括了知识创新体系(大学、科研机构等)、技术创新体系(企业等)、知识传播和应用体系(学校、社会、企业等)、技术创新服务体系(创新服务机构)。其特点是既强调各行为主体创新活动的重要性,也重视各创新主体之间的互动作用,从而需要协调和处理好各主体、各部门之间的关系。因此,创新系统的研究者特别重视各种体制和制度在促进知识生产、交流和应用中的作用。

国家创新系统方法从系统入手,为创新理论和创新政策研究开辟了更为广阔的前景。尽管国家创新系统的思想产生已久,但是利用其指导相关政策制定,始于 20 世纪后半叶。经济合作与发展组织(OECD)不仅出台了从国家创新系统视角研究创新过程的系列报告,而且制定了基于国家创新系统思路的政策体系(见图 2-3)[40]。

创新系统强调要素间的关系和互动。OECD 的报告强调,创新系统研究应该关注市场和非市场型互动的关系。这里的互动包括:

(1) 竞争,这是一个互动过程,其中的主体是竞争者,这将产生或影响创新的

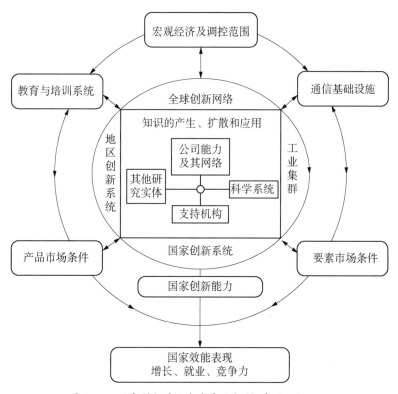

图 2-3　国家创新系统各角色和机制(来源：OECD)

机理。

（2）交易，这是一个互动过程，是指物品或服务，包括技术知识和隐性知识在经济主体间进行交易。

（3）网络化，这是知识通过协作、合作和长期网络安排而转移的过程。

大多数影响创新过程或整个经济的公共政策是在国家层面设计和实施的。国家创新系统之所以重要，部分是由于它把握住了创新政策方面的重要性。国家创新系统理论的思维方式是一种系统化、网络化的思维，即关注的不是事物本身，而是事物之间的关系[41]。组织或个体在创新系统内活动，而制度则通过激励或阻碍来影响这些活动。

设计作为驱动和促进创新的有力工具，也同样具有网络化的特性，并且连接多个要素，在混合中产生设计结果的过程也遵循创新知识扩散的过程。

2.3　设计系统模型相关研究进展

2.3.1　设计产业宏观指数研究

为了对现有设计系统进行研究,首先需要了解现有的宏观设计管理研究内容。柳冠中认为,我国现阶段,企业外部的"工业化的机制"与工业化经济发达国家的相比仍显得十分不健全,行业标准有待完善,产业链不完整,产业结构不成熟,区域的"产业配套服务平台",乃至政策、知识产权、法规等都有待完善[10]。国内学者显然已经认识到这一点,并针对工业设计产业化进程中的策略、路径与机制进行研究,如王国华等对艺术设计创意产业的内涵、产业化路径、组织实施、经营战略等进行研究[42],梁昊光对设计服务业的特征、分类以及工业化、城市化、全球化背景下的设计产业发展趋势进行了研究[43]。但涉及产业管理方面的内容,目前针对城市的较多。如王汉友、陈圻对城市整合工业设计产业的集聚趋势进行了数据分析[44],浙江大学孙守迁教授课题组对城市设计竞争力进行了长期的分析,形成了一套基于创新指数理论的设计竞争力评价体系[45]。清华大学农丽媚从国家竞争力的角度对设计政策研究进行了梳理,是国内较少从国家角度进行设计产业政策研究的[46]。

除此之外,设计指数研究成为宏观设计管理研究参考的重要文献资料。如新西兰经济研究所在 2002 年根据全球竞争力报告提取了设计相关的产品独创性、品牌价值链进行对比,发布了首个从竞争力角度阐述设计价值的研究报告《通过设计提升价值的可行性分析》;阿尔托大学 DesignUM 设计创意中心于 2012 年发布的《全球设计观察》(*Global Design Watch*)对全球十多个国家进行优势排名;韩国设计振兴院分别于 2010 年、2012 年、2014 年向多个国家发布《世界设计调研》(*World Design Survey*),侧重于分析政策对设计产业造成的影响;剑桥大学设计工程研究所在 2010 年发布《国际设计记分牌》(*International Design Scoreboard*),将设计作为由有利条件、投入、产出和成果组成的系统,这为衡量国家设计能力提供了框架;英国 Design Council 自 2010 年开始每年都发布《设计经济》(*The Design Economy*),主要统计本国设计产业发展状况;中国香港于 2010 年发布《香港设计指数：初阶发展报告》,亦是从城市区域角度出发,研究城市设计环境指数。中科院创新设计课题组近几年也做了很多工作,如同济大学创新设计研究中心发布《全球创新设计竞争力报告2019》,参考钻石模型进行了数十个国家的设计竞争力排名。本研究整理了这些设计指数,如表2-2所示。

表2-2　设计指数比较

	一级指标	二级指标	三级指标
全球设计观察		公司研发支出	
		竞争优势的性质	
		价值链的存在	
		创新能力	
		生产过程的复杂程度	
		市场营销的程度	
		客户导向的程度	
国际设计记分牌	绝对量	相对量	
	公共投资设计推广与支持总额	公共投资设计促进与支持占GDP比重	
	设计专业毕业生总数	每百万人口中设计专业毕业生人数	
	世界知识产权局(WIPO)设计注册总数	世界知识产权组织每百万人口的设计登记	
	世界知识产权局商标注册总数	世界知识产权组织每百万人口的商标注册数	
	设计公司总数	每百万人口中设计公司的数量	
	设计服务业总营业额	设计服务业的营业额占国内生产总值的百分比	
	设计服务业总就业人数	每百万人口中设计服务业的就业人数	
世界设计调研		设计行业的状况	
		投资和发展状况	
		竞争力	
		感知和偏好	

（续表）

	一级指标	二级指标	三级指标
香港设计指数	人力资本	设计专业学生人数	
		设计专业毕业人数	
		设计学术工作人员人数	
		设计课程数目	
		设计从业人员数目（一类：主要设计领域）	
		设计从业人员数目（二类：设计支持领域）	
		设计空缺职位数目（一类：主要设计领域）	
		设计空缺职位数目（二类：设计支持领域）	
		设计毕业生在设计及相关行业的就业率	
		各行业的设计师人数	
		各行业的自由设计师人数	
	投资	商业部门的研究和开发（R&D）开支总额（百万港元）	
		政府部门的 R&D 开支总额（百万港元）	
		政府给予设计有关项目的资金总额	
		申请获政府批准资助的数目	
		设计教育的公共投资总额	
	产业架构	机构单位数（一类：主要设计领域）	
		机构单位数（二类：设计支持领域）	
		设计业增加值（百万港元）	
		设计业占本地生产总值的百分比（%）	
		专业设计组织数目	
		设计界商业机构规模的百分比	
		依据企业规模衡量的设计业经济贡献百分比	
		依据企业规模衡量的设计业年度业务收入百分比	
		依据设计服务类别衡量的设计业年度业务收入百分比	
		区域市场中设计公司设立分支机构的百分比	

(续表)

	一级指标	二级指标	三级指标
	市场需求	进口设计产品的价值(百万港元)	
		出口设计产品的价值(百万港元)	
		设计产品再出口值与设计产品出口值的比值	
		住户消费与设计产品/服务价值	
		设计领域的商业投资	
	社会及文化环境	有关设计的门户网站或网上数据库的数目	
		电视设计节目播放的时数	
		现有的设计杂志数目	
		设计/艺术馆数目	
		设计图书馆数目	
		本地设计比赛和奖项的数目	
		设计展览数目	
		人均支付的版权费用	
		公众对知识产权的保护意识	
		商业机构对知识产权,如对在香港注册的商标、专利及外观设计的态度	
		公众对设计价值的了解	
	知识产权(IPR)环境	注册商标、设计和专利的数目	
		触犯版权条例的案件数目	
		从事包括知识产权领域业务的律师所数目	
		知识产权保护的排名	
	商业环境的一般条件	经商便利程度指数	
		开业所需时间	
		开业成本	
		注册一项业务的程序	
		设计人士对自身发展业务的愿景	

（续表）

	一级指标	二级指标	三级指标
全球创新设计竞争力指数	效益	经济效益	创新设计行业增加值占全球创新设计行业增加值的比重
			单位制造业增加值的全球设计专利授权量
			本国拥有的制造业知名品牌营业收入占全球制造业知名品牌营业收入的比重
		创新效益（即新产品，包括服务或模式）	单位新产品增加值能耗
			新产品商业模式运行效率
			新产品质量与用户满意度
		社会效益	新产品国际市场占有率
			全球排名前 100 的品牌数
	设计能力	设计教育水平	设计研究生的数量占比
			本国最优秀设计院校全球排名
		设计研发投入	创新设计行业研发强度
			创新设计行业民间投资增速
			创新设计研发的商业化比率
		设计技术	数字化设计工具普及率
			先进技术渗透率
			设计研发及转化平台营业增速

(续表)

	一级指标	二级指标	三级指标
	设计战略	政策支持	知识产权保护力度
			新产品支持政策实效
			人才吸引政策
		设计文化	独特的工业创新文化水平
			大众创新指数

在这些针对设计的指数评价中,同济大学的《全球创新设计竞争力报告 2019》和浙江大学的城市设计竞争力报告均从竞争力研究出发。前者基于钻石模型提出了科技水平、设计教育水平、消费者对设计的需求、知识产权产业、产品和服务的丰富性、同业竞争的有序性六大维度和相对应的 8 个指标,比较了 G20 的 20 个国家;后者提取了设计可持续竞争力指数、设计环境指数 2 个一级指标,经济效益、设计驱动力、人才、资金、互联网信息程度、资源、政策支持、城市设计自生成环境、设计氛围 9 个二级指标以及更细分的 24 个三级指标,对杭州、宁波、西安、青岛 4 个城市进行区域设计竞争力计算。

2.3.2 波特钻石模型理论

本书为了以产业发展为核心进行设计系统分析和模型建构,也参考了钻石模型作为理论依据。钻石模型作为竞争优势理论的基础模型,多年来长盛不衰,其要素分析方法在建构指数框架时十分有用。钻石模型由波特在 20 世纪 90 年代提出。波特认为一国的国内经济环境对企业发挥其竞争优势具有很大影响,其中影响最大、最直接的因素是生产要素,需求状况,相关和支持产业因素以及企业组织、战略和竞争状态因素。除此之外,政府和机遇也是波特所认为的非常重要的辅助要素。波特钻石模型如图 2-4 所示。

1) 生产要素

波特认为,生产要素是生产产品所需要的各种投入,包括了自然资源、人力资源、知识资源、金融资本及基础设施。其中又分为基本要素与高等要素、通用要素

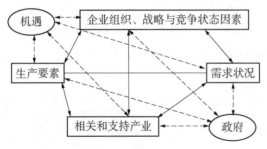

图 2-4　波特钻石模型

与特殊要素。基本要素主要指自然资源、地理因素、劳工、债务资本等,高等要素包括现代化支持设备、高科技人才、尖端研究机构等。通用要素包括高速公路、融资、一般专业毕业生等具有更广泛用途、可共用的要素;特殊要素则是应用面相对更窄、更具特殊性的要素,如冷门专业和特殊设施。高等要素是开发新产品、设计新工艺的必要条件,由于其具有相对稀缺性,因此,对高等要素的获得在竞争中具有更大意义,开发和更新高等要素是产业国际竞争力提升的重大决定条件。

2) 需求状况

需求状况是指国内市场某种产品或服务的需求。波特研究了不同国家在需求特征、需求规模、需求国际化等方面的差别,认为国内的消费需求特性由于各国消费具有地理差异和时间差,以及各国消费结构不一致,会影响该国企业在国际市场上的竞争优势。对一般企业来说,本国需求条件是优先需要考虑的,国内市场是企业的首要考量。因此,企业对应国内需求建立起来的生产方式、组织结构和营销管理,也将成为企业在国际竞争中的重要影响因素。

3) 相关和支持产业因素

相关和支持产业因素主要是指与研究产业相关联的上下游产业。上游产业提供原材料、零部件,下游产业提供重要需求。因此,相应的产业环境会对产业竞争力产生重要影响。波特从外围经济、技术和知识贡献、信息环境、需求互补等方面论证了相关和支持产业会从多方面对产业造成竞争影响。优势产业往往包含在一个优势行业群内。

4) 企业组织、战略和竞争状态因素

对企业来说,能否把各类竞争优势进行合理配置对企业的竞争力来说有显著直接的影响。企业的目标、策略、组织方式对产业的整体竞争力影响亦是直接的。企业之间相互竞争的形式也极大影响着产业的整体竞争力。波特研究发现,国内竞争活跃会刺激产业创新,企业会在国内竞争激烈的情况下选择更高级别的要素创新,以增强自己的竞争力。

5)政府

政府决策在很多时候会直接影响到产业和企业的竞争力。因为政府可以通过资本市场、政策补贴、生产标准、竞争条例等对市场进行管理和规范。波特认为,政府是通过影响上述四个因素来影响国际竞争力的,因此是间接的。政府因素可以是积极影响,也可以是消极影响,与此同时,四个产业要素也会影响政府决策。

6)机遇

机遇是指超出企业控制范围的突发事件,如技术的重大革新、战争、金融市场和汇率的重大变化等。机遇会破坏现有竞争秩序,产生"竞争断层",使竞争优势发生变化,从而为能够适应新形势的企业获得新优势。这种机遇是否能为国家产业竞争力带来变化同样也是由其他几个主要因素决定的。

波特理论开创了竞争力研究这一领域,一是提出了一个重要的分析工具,让竞争力这一抽象概念有了较为系统、全面量化的可能;二是强调了动态的竞争优势。波特理论认为,经济体的竞争力不是静止的,而是随着经济体的经济发展不断变化。钻石模型从诞生之初就成为国家竞争力测算的有力理论模型,各国研究者纷纷根据自身产业情况进行改进,提出双钻石模型、动态钻石模型等。比较知名的如Alavi 的双因素模型[47],阿拉维认为,国家竞争力的作用既包括外部的环境因素,也包括企业内部的相关因素。两者既相互独立又彼此统一,共同作用于竞争力的形成与提升。Alavi 模型是波特钻石模型在应用层面的延伸和拓展,在外部环境因素里对波特的"政府"要素进行了分解和补充,而在企业内部因素里进一步对"企业战略"要素进行了细化。这一模型在一定程度上弥补了钻石模型中缺乏产业主体能动性因素的缺陷,同时强调了外部环境因素的重要性,以及其中的金融系统、市场系统、人力资源对经济发展及国际竞争力的重大影响[48]。

以我国目前的设计系统发展来说,钻石模型提供了一个重要参考,但亦存在一定问题。以中国目前的实际情况来说,政府是影响企业国际化最关键的因素之一[49]。直接运用钻石模型会造成一定问题。我国设计产业发展尚处于初期,设计竞争力在国际上较弱,而且设计和很多实体产业不一样,是从促进创新的角度来看并非可以直接测算的产业。陈圻、王汉友等人利用钻石模型对中国设计产业进行了双结构方程检验,也意识到钻石模型中的各个因素和竞争优势都属于不能直接测度的综合性因素,只能看作潜变量,于是利用双结构方程验证设计产业各因子的相互作用及其对产业竞争优势的解释效用[50]。

2.3.3　系统动力学理论

为了更好地研究设计系统内各因子的相互影响关系,本书引入了系统动力学作为模型建构方法。系统动力学方法最早由美国麻省理工学院 Forrester 教授于 1956 年创立,该方法论将问题主体抽象为一个完备运行的系统,将反馈回路作为基本的组织单元。在一定环境内系统对输入的物质、信息通过反馈机制进行处理加工,而输出的新物质、信息又会反过来对系统进行调节控制[51]。通过研究输入输出变量间的反馈机制还可以实现系统的自律运行。该方法论具有多变量、定性定量分析相结合,以及可处理多回路、非线性的时变问题等特点。

系统动力学方法最初主要应用于企业管理领域,后来经学者不断扩展、完善,应用在城市、世界等区域系统问题的分析上。朱婷婷等人将系统动力学的方法论应用在国家自主创新示范区聚力创新内在机理的研究上[52],通过不同情境下的仿真实验来探究四大主要因素对表征变量的作用表现。王俭等人利用系统动力学模型对辽宁省水环境系统进行了模拟[53],并成功地对不同发展方案下水环境的承载能力进行了预测,其表现优于回归分析等传统预测方法,原因在于系统动力学方法考虑了系统内各因素之间的相互作用,能够呈现出更全面的动态行为,所以预测更为准确。郎羽通过系统动力学的方法构建了吉林省区域创新系统的仿真模型,利用计算机软件进行动态仿真,并根据结果对吉林省特色产业创新产出对于创新投入的敏感度进行排序,为政府提供政策制定依据[54]。同样地,王成结合创新驱动理论,建立了沈阳市装备制造业创新驱动系统动力学模型[55],并提出了产业优化的对策建议。系统动力学还被广泛应用在资源利用、规模优化等领域。陈国卫等人通过文献分析将系统动力学的主要作用归纳总结为预测、政策管理、优化与控制[56]。

系统动力学模型的建构可分为五个阶段：

（1）确定系统边界并寻找与系统目标相关的变量；

（2）分析变量间关系，构建因果关系图；

（3）分析因果关系图中的回路，结合已有数据集的粗略分析，进一步区分关键变量和其他变量；

（4）建立存量流量图；

（5）在流量图基础上确定系统运行的变量方程。

在社会经济中系统动力学的主要作业是通过认识、检验和仿真预测，选择合适参数进行优化调控，为政策制定提供依据。在国家设计系统的运用中，系统动力学侧重于其对未来的预测特性，目标是保障设计系统的可持续发展和提升其竞争力。

2.4　设计系统绩效评价方法

2.4.1　DEA 创新效率评估理论

自 20 世纪 50 年代以来，伴随着对创新活动认知的不断提升，各项创新理论纷纷涌现。霍兰德和埃瑟将相同创新资源投入水平下取得更多创新产出或者相同产出水平下争取更少的创新资源投入定义为创新效率[57]，相应的测度方法也随之出现。罗庆朗等人于 2020 年对创新测度的发展与实践进行了总结，整理出包括"DEA 效率评价法"在内的 4 种成熟的创新能力测度方法[58]，其中，DEA 模型兼具创新线性模型和创新体系理论的双重影响，在关注系统投入产出的同时，通过线性规划工具避免了刻画复杂的系统关系。

DEA，全名数据包络分析，是广泛运用于创新效率评估的分析方法，其优点在于投入与产出的要素数量与形式不受限制，可以以简单的过程快速比较各个单元要素（DMU）的绩效值。其原理是先根据需要设定决策单元，然后根据决策单元的投入产出经验数据构造生产前沿效率面，所有参与构造的决策单元在这一前沿效率面下的效率值均处于 0 到 1 之间。如果效率取 1，则表示该决策单元恰好处于前沿面上,即投入产出组合有效;如果效率小于 1,则说明该决策单元在现有的投入产出组合中,需要对自身的资源投入量进行调整以提高效率。

DEA 模型的最早提出是源于法雷尔对生产率的研究,他认为当时对于生产率的研究缺乏对投入产出的综合考虑,于是提出用投入与产出的生产效率(efficiency)来描述生产率(productivity)[59],具体的方法论与模型由美国著名运筹学家查恩斯和库伯提出,随后各国学者在基础 DEA 方法的基础上衍生出了不同的 DEA 模型。杨国梁等人于 2013 年对已有相关研究工作和模型进行了梳理和分类,将确定数据的 DEA 模型按照关键要素分为基于不同生产可能集假定、基于不同测度、蕴含不同偏好、基于变量类型、多层次的 DEA 模型等类别[60]。两阶段 DEA 模型最早由赛福德等人在 1999 年提出[61],结合了对创新过程及创新价值链的深入理解,将前后两个阶段看作是独立或关联的两个单元。随后有学者考虑了两个阶段之间的内在联系,并构建了新的模型[62]。陈等人提出采用加权求和的方法得到两阶段的综合相对有效性等指标[63]。三阶段 DEA 模型由弗里德等人于 2002 年提出,该模型克服了环境和误差因素对效率值的影响[64]。

作为在多产出多投入情况下应用最为广泛的数理方法之一,DEA 相关的研究工作仍在不断增长,方法论被广泛应用在企业创新、区域创新、产业创新、产学研协同的创新效率分析上。赵树宽等人运用 DEA 方法从效率、有效性、规模收益、投影分析 4 个方面对吉林省 151 家高技术企业创新活动进行了评价分析[65],并基于分析结果提出企业创新效率的改进目标及改进方案。韩兵等人着眼于高技术企业的技术创新,构建考虑时滞效应的两阶段动态 DEA 模型,对我国 27 个省域 2012—2015 年高技术企业技术创新绩效进行评价[66],有针对性地提出大部分地区的企业第二阶段商品化产出薄弱的问题。官建成等人采用 DEA 模型对我国各地区的创新活动有效性、经济有效性、综合有效性进行评价[67]。董艳梅等人构建了两阶段动态网络 DEA 模型,对中国高技术产业创新效率进行了评价[68]。肖仁桥等人构建规模报酬可变情形下的两阶段链式关联 DEA 模型,对四年间中国 28 个省份的高技术产业创新整体效率进行了实证分析,并总结出创新资源利用方式的 4 种模式[69]。樊霞等人通过 DEA-Tobit 两步法对广东省企业的产学研合作创新效率进行分析,并总结了影响因素,认为综合技术效率不足的主要原因为纯技术无效率[70]。史仕新等人构建报酬可变的三阶段 DEA 模型,对 2013 年全国 31 个省市区的产学研合作效率进行评价并提出相应的政策建议[71]。王天擎等人基于 RS-DEA 方法论构建产学研合作效率评价模型,并应用于实际案例中[72]。

在众多发展出来的 DEA 算法模型中,应用最为广泛的是 1978 年查恩斯、库伯提出的规模报酬不变的 CCR 模型与 1984 年班克、查恩斯、库伯提出的规模报酬可变的 BCC 模型。考虑到国家设计系统的创新评估具有明显的知识经济特征,在边际收益变化规律上也不一定服从传统经济学理论中的边际收益递减的规律,具有不确定性,故本研究采取的是 BCC 模型。

BCC 模型具体内容:假设有 k 个决策单元(DMU),每个决策单元均有 m 个投入变量和 n 个产出变量,每个决策单元投入产出相对效率的计算模型如下所示:

$$
\begin{cases}
\min\left[\theta - \varepsilon\left(\sum_{i=1}^{m} s_i^- + \sum_{r=1}^{n} s_r^+\right)\right] \\
\text{s. t.} \sum_{j=1}^{k} \lambda_j x_{ij} + s_i^- = \theta x_{i0} \ (i=1,2,\cdots,m) \\
\sum_{j=1}^{k} \lambda_j y_{rj} - s_r^+ = y_{r0} \ (r=1,2,\cdots,n) \\
\sum_{j=1}^{k} \lambda_j = 1 \\
\lambda_j \geqslant 0 \ (j=1,2,\cdots,k) \\
s_i^- \geqslant 0 \ (i=1,2,\cdots,m) \\
s_r^+ \geqslant 0 \ (r=1,2,\cdots,n)
\end{cases}
$$

其中,x_{ij} 表示第 j 个决策单元对第 i 种输入的投入量,$x_{ij} > 0$;y_{rj} 表示第 j 个决策单元对第 r 种输出的产出量,$y_{rj} > 0$;x_{ij}、y_{rj} 为历史资料或预测数据。x_{i0}、y_{r0} 分别指当下被评价决策单元第 i 种投入要素的投入量和第 r 种产出要素的产出量,θ 为效率评价指数,ε 为非阿基米德无穷小量,S_i^-、S_r^+ 为松弛变量。决策单元是否有效主要取决于效率评价指数和松弛变量的值,当效率评价指数为 1 且松弛变量为 0 时,表示该决策单元有效,当效率评价指数为 1 但松弛变量不全为 0 时,表示该决策单元弱有效,当效率评价指数不为 1 时,表明该决策单元无效。

2.4.2　满意度评估理论

满意度模型来源于 20 世纪 90 年代的营销管理,在新公共管理运动兴起后被广泛运用于政府公共部门绩效中,美国、瑞典政府率先建立起基于顾客满意度的公民满意度指数模型,用以测量政府为公民提供的公共服务质量。其中比较著名的有美国的顾客满意度指数(ACSI)模型和瑞典的顾客满意度指数(SCSB)模型。

瑞典 SCSB 模型由美国密歇根大学国家质量研究中心的佛奈尔教授在 1989年整理得出,后来在 1994 年又根据美国的顾客满意度指数测评工作进行了修正,得出后来被广泛使用的 ACSI 模型。20 世纪 90 年代以来,欧美发达国家纷纷将满意度模型运用到公共事务中来,通过满意度测试了解民众对公共服务的态度,提升公共服务的满意度。如美国联邦政府提出《政府绩效和结果法案》,出版《顾客至上:为美国人民服务的标准》,明确将为人民服务和顾客满意度结合在一起,并定期在网站上公布民众满意度结果。2000 年后 ACSI 模型更是被广泛运用于财政、土地等多个领域[73]。

其结构如图 2-5 所示。

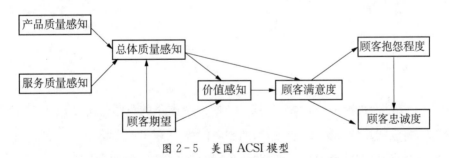

图 2-5　美国 ACSI 模型

美国公众满意度指数模型将公众期望、感知质量、感知价值、顾客满意度、顾客抱怨程度和顾客忠诚度作为互为因果关系的潜变量,以建立计量经济模型。

在我国,满意度模型于 2000 年后得到了较多使用,但主要集中在企业层面,用于商业领域比较多。满意度模型在公共领域内最近几年才开始兴起。比如邹凯用其测算社区服务的公众满意度[74],周文生用其测算法律绩效的公民满意度[75],梁昌勇等利用结构方程以此模型对服务型政府公民满意度进行了测算[76],魏傲霞对服务型政府建设工作进行了公共服务满意度调查[77],马艺方用其测算互联网政策绩效的公民满意度[78]等。

满意度模型的核心理论是期望不一致理论和归因理论。该理论的前提是认为顾客的满意度由两个阶段实现,即在购买前的预期和实际的使用感知,如果预期和实际产生差距,则会产生不一致的心理状态。当出现不一致的情况时,顾客会尝试对失败或成功的状态进行归因。美国心理学家海德认为,人们会倾向于根据情境因素进行归因,以逃避因自我选择错误而造成的失败[79]。

在满意度模型构建的过程中,结构方程是最常用的方法。首先结构方程非常具有整体性,可以综合分析各个潜变量之间的关系,结果更为可靠,并且可以同时处理多个因变量,也允许有测量误差,尤其在实证研究中,因为问卷调查的主观性问题,必然存在误差,又不能用单一指标来衡量,而结构方程可以经过多次调试排除误差。如刘武等人用结构方程来测试高等教育顾客满意度[80],邓爱民等人用结构方程来测试网络购物中影响顾客忠诚度的因素[81],湛东升等人用结构方程对北京市居民的住房满意度和行为意向进行了研究[82]。

2.5 本章小结

2.5.1 结论

对上文涉及的文献进行总结不难发现,一个国家的竞争优势取决于企业的竞争优势,企业的竞争优势取决于产品的创新优势。在国家层面,对社会创新日益增长的需求已经体现在要求建立新型"成长型国家"、"宏观组织型"政府角色上,以及体现在从"凯恩斯式的福利国家"模式向"熊彼特式的竞争国家"模式的转变中。国家的功能向着为公司、行业和地区提供有效指导和咨询的方向改变[83]。为了施行最恰当的政策,需要有选择性,因为没有国家能够为全球竞争中的众多行业和领域提供指导,比起泛而空洞,专业化是创造和维持竞争优势的前提条件。国家要能够在宏观层面取得竞争优势,需要许多产业共同努力。设计是促进创新最有效的工具。而这一优势的形成需要靠国家创新系统的顺利运作,从而保障产业的积极稳步发展。在这其中,设计系统推动企业发展设计驱动式创新,设计驱动式创新通过对产品语义、功能、系统及体验等多方面的创新帮助企业实现突破性价值创造。

由于设计系统研究领域较新,已有研究成果相对匮乏,因此本研究参考了国家创新系统、设计指数、竞争力理论、创新绩效理论等多方面的研究,以期获得更为综合和全面的结果。

2.5.2　设计系统概念扩展

首先需要对系统进行定义。系统的概念源于人类认识世界、改造自然的长期实践。但是直到 20 世纪,系统的内涵才逐步具体化,并开始得到广泛应用。科学研究里对“系统”的定义如下:

(1) 系统包含两个组成部分:一些要素及要素间的关系。要素和要素间的关系形成一致的整体,并且此整体具有各部分单独所不具备的特征。

(2) 系统具有从事或完成某种事情的功能。

(3) 系统可以与其他部分区分开来。

因此,任何针对系统的研究都需要明确以下几个部分:系统的主要功能、系统中的活动及要素、各要素之间的重要关系。

创新系统的主要功能是促进创新过程,如促进创新的研发、扩散和应用。组织和制度常被视为创新系统的主要因素。普遍意义上的国家创新系统的定义包括所有能够影响创新的开发、扩散和使用的重要经济、社会、政治、组织、制度因素及其他因素[84]。

学术界公认的国家创新体系概念由 OECD 提出,即国家创新系统是一组独特的机构,它们分别或联合推进新技术的发展和扩散,提供政府形成和执行创新政策的框架,是创造、储存和转移知识、技能和新技术的相互联系的机构网络[85]。

本研究的核心对象为国家层面的设计系统,通过文献可知,国外对国家设计系统的定义为利用设计协助国家进行创新发展的政策工具,借鉴国家创新系统、创意指数、竞争力研究等研究成果,开发新的指标模型,为企业发展设计驱动式创新、国家通过设计创新提升竞争力提供有力的参考。其定义有一定局限性,重点放在整体的政策研究上，对产业层面关注不够，也没有提及设计提升竞争力的核心价值——产品。设计系统被简单等同于政府政策工具，虽然操作方便，但与实情不符。设计本质上是通过语义创新提升产品价值的一种创新型知识建造，也与创新类似，存在着设计知识的创造、储存、转移、扩散等行为。设计系统需要涵盖这些行为，强调企业设计驱动创新的重要性，并且综合国家宏观调控的要素，形成较为综合和完整的全局系统机制。

因此，本研究对设计系统的概念进行了扩展性定义：设计系统是设计产业及围绕设计产业的相关机构及它们之间的相互关系，目的是提供政府形成和执行设计创新政策的框架，助力于设计的可持续发展。在这一定义里，核心观念是"相互关系"，即各个参与设计的主体之间的或互动或独立的相互关系。

设计通过对产品语义、产品功能的重新组合驱动创新，其过程构成企业的核心竞争力，众多企业的创新发展构成产业的创新，产业创新又成为国家创新系统中的核心和重要组成部分，是国家创新战略得以顺利发展和实施的关键。

第3章 设计系统发展现状分析

3.1 我国设计系统发展

我国目前已经意识到设计的重要性,在制造业的高速发展下我国的创新能力正在逐渐加强,专利申请数量稳居世界第一,大量设计与工业结合,促进科技创新发展。设计正在以企业为主体,面向市场,进入高速发展期。整体而言,设计发展非常迅速,但依然没有形成完整有效的国家设计系统。

3.1.1 发展历史

中国的现代设计发展是一个西学东渐的过程。20 世纪 80 年代之前,设计主要作为"工艺美术"存在,更多注重装饰图案的应用等,在 20 世纪 60 年代的特殊历史环境下备受影响,以至于几乎消失。直到改革开放之后,80 年代前期,邓小平提出科教兴国战略,钱学森提出了"技术美学"的重要性,强调为科学注入艺术性,认为"技术美学的实践就是工业设计及其实践",并提出工业设计作为创造性的思维就要综合考虑社会心理、社会消费、社会的审美趣味、企业的经济效益、产品的质量和成本、劳动效率等一系列因素,进而提出"设计的系统论"[86],即设计是按照预期的目的实现有系统、有目的的控制,实现功能和审美上人机关系的和谐。他对具有整体性的设计系统的推崇引发了 80 年代初"技术美学"的热潮,许多学校的设计学科在此时建立,或依托建筑、机械,或依托工艺美术,反映了当时教育界对设计的综合性认识。但在此阶段,设计发展过于理论化、理想化,无法从实践上取得突破。

进入 20 世纪 90 年代后,中国工商业全面发展,带来了设计的全面开花。但此时的设计很大程度上是作为产品"包装"存在。中国当代设计教育受到美国、欧洲、日本三地的影响,北方以清华大学柳冠中教授,南方以广州美术学院童慧明教授为带头人,他们已经意识到传统工艺美术不能满足现代大工业生产要求,因此高呼系统性的工业设计的重要性[87]。高校与企业的合作陆续开始,第一批工业设计人才逐渐跟产业结合。珠三角地区的一些电子企业,康佳、德赛、科龙电器和美的等是最早建设设计部门的公司。在这一过程中,部分公司为制造型企业提供设计服务,形成了专业设计公司,从而促进了一批设计协会的成立,包括中国工业设计协会、中国机械工程学会工业设计分会等,推动设计进入了较为快速的发展期。在随后的20多年里,越来越多的组织及个人意识到设计不仅仅局限于表面的包装工艺,还具有重要的创新驱动力作用。但到此时为止,设计尚未进入国家战略的视野。

2007年,温家宝同志批示"要高度重视工业设计",这是设计作为宾语第一次出现在国家级的战略方针中。同年,国务院发布《关于加快发展服务业的若干意见》[88],明确提出将设计产业发展为辐射集聚效应较强的服务业,培育形成主体功能突出的国家和区域服务业中心,提出建设一批工业设计、研发服务中心,形成带动能力强、辐射范围广的新增长极,并承接设计的服务外包工作。2008年、2009年国务院多个文件都将设计作为服务业的重点发展对象,要求对内积极发展设计产业的集聚效应,对外发展设计外包业务,提升我国设计的国际影响力。2010年,工信部等11部委联合发布了《关于促进工业设计发展的若干指导意见》,明确了工业设计作为独立产业的地位,奠定了工业设计产业发展的里程碑。2014年李克强总理提出"大众创业、万众创新",在全国实施创新驱动发展战略的过程中,设计驱动创新成为人们关注的热点。据不完全统计,仅2014—2016年,就有《关于发挥品牌引领作用推动供需结构升级的意见》《关于加快发展生产性服务业促进产业结构调整升级的指导意见》《关于新形势下加快知识产权强国建设的若干意见》《关于推进文化创意和设计服务与相关产业融合发展的若干意见》等国家级文件直接或间接地涉及设计。而从"十二五"开始,国家级的战略规划《"十二五"国家自主创新能力建设规划》,到《"十三五"国家战略性新兴产业发展规划》《"十三五"国家科技创新规划》里,设计出现的次数有129次之多。其中2014年国务院发布的《关于推进文化创意和设计服务与相关产业融合发展的若干意见》明确提出,到2020年,设计服务的先导产业作用要更加强化,基本建立与相关产业全方位、深层次、宽领域的融合发展格局,形成一批拥有自主知识产权的产品,打造一批具有国际影响力的品牌,建设一批特色鲜明的融合发展城市、集聚区和新型城镇[89]。从这些文件中可以看出,我国虽然没有明确地将设计作为国家战略提出,但设计通常与文化创意、科技创新、知识产权、服务业融合其他产业等概念相联系。政府已认识到设计作为先导产业促进创新、增强经济活力的重要性,并正在积极推进设计产业发展。

3.1.2　设计政策

目前我国并没有明确把发展设计作为国家政策,但设计被作为创新推动力、重要的服务业在政策文件中反复提及。"十二五"时期设计的定位依然还是服务业,用于提升品牌价值、文化价值和产品附加价值等,但已经开始出现工业企业和工业设计的结合。2012 年,在全国评比达标表彰项目总撤销率超过 97% 的情况下,经国务院特批增设"中国优秀工业设计奖"。2013 年,工信部又启动了国家级工业设计中心申报和认定工作[90]。以下整理了一些重点提到设计问题的国家相关政策(见表 3-1)。

表 3-1　重要设计政策

时间	政策名称	发布部门	涉及设计的主要内容
2013 年 4 月	《"十二五"国家自主创新能力建设规划》	国务院	1. 在核心产业培育专业化的工业设计。 2. 推动中介机构应用现代科学技术,创新服务方式与手段,推动业务向技术集成、产品设计、工艺配套以及管理咨询等领域拓展
2014 年 2 月	《关于推进文化创意和设计服务与相关产业融合发展的若干意见》	国务院	1. 塑造制造业新优势。促进工业设计向高端综合设计服务转变,推动工业设计服务领域延伸和服务模式升级。 2. 加快数字内容产业发展,强化文化对信息产业的内容支撑、创意和设计提升,加快培育双向深度融合的新型业态。

(续表)

时间	政策名称	发布部门	涉及设计的主要内容
			3. 提升人居环境质量。进一步提高城乡规划、建筑设计、园林设计和装饰设计水平,完善优化功能。鼓励装饰设计创新,引领装饰产品和材料升级。 4. 提高农业领域的创意和设计水平,推进农业与文化、科技、生态、旅游的融合。 5. 促进体育衍生品创意和设计开发,推进相关产业发展。 6. 着力提升文化产业各门类创意和设计水平及文化内涵,加快构建结构合理、门类齐全、科技含量高、富有创意、竞争力强的现代文化产业体系。 7. 推动实施文化创意和设计服务人才扶持计划。 8. 实施中小企业成长工程,支持专业化的创意和设计企业向专、精、特、新方向发展,打造中小企业集群。 9. 鼓励企业应用各类设计技术和设计成果,开展设计服务外包,扩大设计服务市场。创新公共文化服务提供方式,加大政府对创意和设计产品服务的采购力度。 10. 增加文化产业发展专项资金规模,加大对文化创意和设计服务企业的支持力度。 11. 加强对设计企业的金融服务,优化发展环境
2014 年 7 月	《关于加快发展生产性服务业促进产业结构调整升级的指导意见》	国务院	1. 鼓励企业向价值链高端发展。促进专利技术运用和创新成果转化,健全研发设计、试验验证、运行维护和技术产品标准等体系。加强新材料、新产品、新工艺的研发和推广应用。 2. 大力发展工业设计,培育企业品牌、丰富产品品种、提高附加值。促进工业设计向高端综合设计服务转变。支持研发体现中国文化要素的设计产品。 3. 推进产学研用合作,加快创新成果产业化步伐。鼓励建立专业化、开放型的工业设计企业和工业设计服务中心,促进工业企业与工业设计企业合作

（续表）

时间	政策名称	发布部门	涉及设计的主要内容
2015 年 12 月	《关于新形势下加快知识产权强国建设的若干意见》	国务院	1. 加强新业态新领域创新成果的知识产权保护。 2. 提升知识产权附加值和国际影响力。 3. 加强知识产权信息开放利用。在产业园区和重点企业探索设立知识产权布局设计中心
2016 年 5 月	《国务院办公厅转发文化部等部门关于推动文化文物单位文化创意产品开发若干意见的通知》	国务院办公厅	1. 鼓励众创、众包、众扶、众筹,以创新创意为动力,以文化创意设计企业为主体,开发文化创意产品。 2. 提升文化创意产品开发水平,完善文化创意产品营销体系,加强文化创意品牌建设和保护。 3. 支持文化资源与创意设计、旅游等相关产业跨界融合,提升文化旅游产品和服务的设计水平,促进文化创意产品开发的跨界融合
2016 年 6 月	《关于发挥品牌引领作用推动供需结构升级的意见》	国务院办公厅	1. 搭建持续创新平台。鼓励具备条件的企业建设产品设计创新中心,提高产品设计能力,针对消费趋势和特点,不断开发新产品。 2. 增强品牌建设软实力。建设一批品牌专业化服务平台,提供设计、营销、咨询等方面的专业服务
2016 年 10 月	《"十三五"国家科技创新规划》	国务院	1. 重点研究基于"互联网＋"的创新设计。 2. 加快推进工业设计、文化创意和相关产业融合发展,推动形成一批专业领域技术创新服务平台,面向科技型中小微企业提供研发设计
2016 年 11 月	《"十三五"国家战略性新兴产业发展规划》	国务院	挖掘创新设计产业发展内生动力,推动设计创新成为制造业、服务业、城乡建设等领域的核心能力

除了以上这些国家级战略之外,工信部、文化和旅游部、财政部及其他部委也有相关联的设计产业措施出台。其中工信部 2010 年专门发文《关于促进工业设计发展的若干指导意见》,强调了大力发展工业设计的重要性,对促进我国工业设计发展做出了全面的阐释和意见指导,成为我国工业设计发展的纲领性文件。从

2013 年起,工信部开始每两年认定一次国家级工业设计中心,其中,2013 年认定
30 家,2015 年 34 家,2017 年 70 家,2019 年 56 家,将它们作为设计示范基地。

相较国家层面的设计政策局限于创新及与文化产业、服务业相关的层面,地方
政府对设计的认识更为清晰,尤其是经济发达地区,对设计产业扶持较早,提出了
明确的设计发展规划。在这其中,北京、长三角地区和珠三角地区在设计产业规
划、设计系统架构方面走得较前。2005 年北京市建立了设计创意产业基地,2007
年开始实施设计创新提升计划,利用政策来引导、支持设计公司和制造企业之间的
设计对接,2013 年发布《北京"设计之都"建设发展规划纲要》,提出实施国际化工
程、产业振兴工程、城市品质提升工程、品牌塑造工程等多项措施[91]。2007 年上海
市编制了《上海工业设计产业三年发展规划》,设立了工业设计企业专项扶持资金。
广州市以设计产业与现代产业融合发展为思路,于 2015 年基本建成广州经济技术
开发区国家新型工业化产业示范基地。2009 年,深圳市人民政府发布了《关于促
进创意设计业发展的若干意见》。同年,杭州市、宁波市分别出台了工业设计产业
发展规划。2011 年浙江省确定"11+1"家特色工业设计基地作为首批省级试点,
省政府安排 1 亿左右的专项资金予以支持,通过强化集聚、企业、市场、服务、政策、
人才、试点、环境八大方面的工作,重点推进特色工业设计基地的建设。2011 年浙
江省人民政府颁布了《关于推进特色工业设计基地建设加快块状经济转型升级的
若干意见》。

随着国家对创新发展的重视,各地政府也陆续发布了以设计为主题的地方政
策。例如广东省人民政府发布《广东省推进文化创意和设计服务与相关产业融合
发展行动计划(2015—2020 年)》[92];上海市经信委发布《上海创意与设计产业发展
"十三五"规划》;浙江省经信委发布《浙江省工业设计产业"十三五"发展规划》,江
苏省经信委发布《江苏省"十三五"工业设计产业发展规划》[93];湖南省经信委发布
《关于加快湖南省工业设计产业发展的意见》,并将设计产业纳入"十三五"重点发
展的服务业规划中;等等[94]。这些政策从地方角度规划具体的实施方案,包括税
收减免、资金资助、加强教育、推广设计等,对当地的产业创新有积极的作用和
意义。

但从这一系列政府文件中可看出,虽然政府已经意识到设计的重要性并希望

在接下来的五年计划里积极推进,但并未形成完善的政策体系。尤其是缺乏总纲领性质的以设计为主题的指导文件,对设计产业的发展也没有明确的规划,仅有"鼓励""支持""提升"这样的泛泛之谈。设计本身的定义模糊,虽然国务院发文,工信部、发改委、科技部、文旅部都对设计提出支持,但管理界限模糊,缺乏联合统一的统筹机制。工业设计归属工信部,服装设计、创意产品设计属于文旅部,建筑设计属于建设部,平面设计、室内设计没有具体主管部门,职责划分不清,得不到统一的政策规划,由此带来管理上的困难。同时各地政府虽然已经开始有一些具体措施,但因为我国经济发展不均衡,只有少数地区能形成一定的设计产业,也只有少数地区明确了设计产业的发展规划,这为国家整体的管理和统筹带来了一定困难。

3.1.3 设计教育

中国自 20 世纪 80 年代开始引进现代设计教育体系,20 多年来有了飞速的进步与发展。特别是 20 世纪 90 年代末,在国家"高等教育大众化"政策的引导下,在制造业迅速发展后对设计人才市场的驱动下,高等设计教育迅速扩张。在 1982 年至 1997 年的 16 年中,中国设计高校的规模发展仍较缓慢。1998 年教育部第二次调整《普通高等学校本科专业目录》,"艺术设计""工业设计""服装设计与工程"等设计类专业正式替代"工艺美术设计"类专业进入国家高等教育专业序列,带动 21 世纪设计高等教育规模的持续发展。在 1998 年至 2012 年的 15 年间,规模扩大的趋势日益明显并居高不下。从 2007 年至 2012 年,全国设计类专业招生人数以每年平均 5～6 万人的速度递增,迅速地从 2007 年 22 万人左右的规模增加到 2012 年的 57 万人以上。据中央美术学院许平教授科研团队的相关统计,至 2012 年,我国 31 个省市自治区(不含港、澳、台地区)设置设计类专业的高等学校达 1 917 所,当年各设计类招生专业人数约为 57.3 万人[95]。教育部公布的统计数据显示,艺术设计类已经成为我国毕业生规模前十的门类。

我国设计教育大致可以分为三个阶段。第一阶段是 1950—1980 年,以中央工艺美术学院和无锡轻工业学院为代表的工艺美术特色设计。第二阶段是 1980—2000 年,以柳冠中、王受之等为代表的公派出国学习西方经验,带回与国际接轨的设计教育理念[96],第三阶段是现阶段,从现代设计向创新设计教育转型升级[97]。

早期以艺术类高校(美术院校及艺术院校)为主,占 79%,到 2012 年艺术类高校只占总规模的 1.5%,其余均为综合类院校,这说明了设计教育的转型,除了在工艺美术设计领域之外,在工程、传播、社会以及行政管理领域等多个方面有更多的差异化需求。

如此规模庞大的学生基数为我国提供了世界上最大的设计人才储备库,但我国设计教育是半路出家,从无到有,早期照搬苏联,后来全盘学习欧美,缺乏与实践的结合,在学校学习到的知识与实际脱节,学生经常面对"毕业即失业"的状况,据不完全统计,我国设计专业的学生毕业后从事设计行业的平均仅为 37.3%[98],大部分学生选择了转行。尽管我国的设计教育已经发展了 30 多年,但至今仍然没有解决设计市场持续扩大与高水平设计人才严重缺乏之间的矛盾。正是这样的原因,促使了行业内各类设计再教育机构不断涌现。

3.1.4 设计促进组织

设计促进方面,主要由国务院牵头,工信部和文旅部负责政策部署,地方政府有一定设计规划,并由相关办公室负责推进设计影响力,例如上海"设计之都"办公室依托上海信息化产业推进委员会,为上海市设计产业发展出谋划策,举办设计活动,以提升上海设计的国际影响力等。除此之外,各设计行业协会、组织等也在产学研官四者之间架起桥梁,是设计系统中至关重要的有机组成部分。表 3-2 对国内较为知名的设计促进组织进行了总结整理。

表 3-2　我国主要设计促进组织

组　　织	功　　能
中国工业设计协会 (CIDPA)	中国工业设计协会是 1979 年经国务院批准,在国家民政部注册的社团法人,属国家一级协会,是中国工业设计领域唯一的国家级行业组织,主要协助工信部履行工业设计行业管理职责
中国工业设计园区联盟	由中国工业设计协会倡导,2010 年在广州成立,属于中国工业设计协会的子机构,负责园区的建设发展
中国工业设计研究院	2014 年由中国工业设计协会和上海经信委筹建,工信部支持,是国家级的创新服务平台和国家级的创新解决方案提供机构

（续表）

组 织	功 能
中国工业设计服务中心	2014 年由江苏省经信委和中国工业设计协会合作成立。在南京形成全国性的工业设计服务平台。按照规划,服务中心将构建 7 个大平台,包括设计综合服务平台、设计展示交易平台、设计创新成果孵化平台等
中国设计交易市场	2012 年成立,由北京市科委和西城区政府合建,为知识产权中介机构挂牌提供服务
北京工业设计促进中心	1995 年由北京市科委成立,是政府推动设计创意产业发展的促进机构和具有独立法人资格的事业单位
北京 DRC 工业设计创意产业基地	2005 年成立,为首批文化创意产业集聚区中唯一的设计集聚区
上海设计之都推进办公室	2010 年成立的上海市设计公共服务平台,隶属由政府牵头、市委领导挂职的文化创意产业推进领导小组和办公室,每年有 3 亿元的政府扶持资金,追加资金三年 4 亿
北京设计之都协调推进委员会	2012 年成立,北京市科委、宣传部、发改委等 15 个相关部门协调联动
深圳创意文化中心	2008 年成立,为深圳设计之都品牌运营和管理机构
广东省工业设计协会	1991 年成立,隶属广东省经贸委,是连接政府与企业、院校的桥梁,在工业设计行业和制造业内发挥着服务、协调、监督的行业管理作用
深圳设计联合会	1987 年成立,为我国最早的设计协会、民间社团。协会通过提供公共服务平台服务,组织国内外交流、营销活动,开展调研、培训等各项工作,为政府和会员提供双向服务
湖南省工业设计服务平台	2007 年成立,由湖南省科技厅指导,湖南省工业设计协会筹建,目标直接与全省的经济活动挂钩,旨在调动一切资源,成为经济提升的有力助推剂

从整理的结果可发现,我国目前形成气候的设计组织以工业设计为主,依托于政府,由工信部和地方政府的经信委、科委、宣传部等多部门合作,联合中国工业设计协会,形成具有一定政府背景的组织机构,而且成立时间大多在 2010 年政府发布利好政策之后。工业设计因为其与创新的紧密关系而成为重点产业,并得到了大力支持。同时也可发现,我国的设计产业地域性强,往往以地方省市政府为主要抓手。例如北京工业设计促进中心,在北京市政府的支持下实施国内第一个支持

工业设计应用的科技创新计划——北京"九五"工业设计示范工程;上海设计之都推进办公室隶属上海市经信委,成为上海市文化创意产业政策发布和推广设计影响力的公共平台。发达地区对设计的重视和欠发达地区资料的匮乏从另一个角度验证了设计产业具有集聚效应。

3.1.5 设计产业发展现状

设计属于高端服务业,与经济发展密不可分,尤其是为创新服务的工业设计产业。设计产业也是与空间集聚有紧密关联的产业,在工业发展越迅速、企业越多的地方,设计发展越快。我国设计产业的空间布局与经济发展类似,也可初步分为"环渤海、长三角、珠三角"三大产业带。"环渤海"经济带以北京为中心,辽宁、山东等地为延伸;"长三角"以上海为中心,浙江、江苏等地为延伸;"珠三角"以广东为中心,福建、香港等地为延伸。这三大产业带为地区内企业提供设计服务,提升区域制造业的竞争力。同时内陆地区如湖南、湖北等地伴随着重工业的发展,也形成了蓬勃的设计产业。

环渤海区域:2009 年,北京工业设计产业规模位居全国前列,全年工业设计相关的业务收入累计 60 亿元,200 多家企业设有独立的设计部门,共有 400 余家专业设计公司活跃在 IT、通信设备、航空航天等领域。自 2005 年北京市提出发展创意产业以来,北京从政策保障、资金支持、融资服务、人才支撑等 7 个方面构建起了比较完备的工作体系,产业发展取得了初步成效。2004 年至 2009 年,北京市文化创意产业增加值由 613.70 亿元增加到 1 489.9 亿元,在北京市生产总值中所占的比重也由最初的 9.3% 持续上升到 12.26%。其中设计服务产业增加值由 2005 年的 31.6 亿元增加到 2009 年的 76.4 亿元,增加幅度上升到 200%。设计服务产业在创意产业结构中的比例也由 2005 年的 4.9% 上升到 5.1%。设计服务产业从业人员达到 10 万余人[99]。

长三角地区:上海作为长三角经济引擎,设计产业实力已处于全国前列,全球前 100 名顶级建筑事务所中的 62 家和全球前 10 名广告公司均在上海落户,上海也集聚了一批如德国 Frog 设计、美国 IDEO 设计等国外的知名设计企业,2012 年上海工业设计业实现总产出 527.29 亿元,增加值达 196.54 亿元,比 2011 年增加

15.3%,初步形成了行业门类比较齐全的设计产业体系[100]。另外,设计产品在品质上也呈现出向高端化发展的趋势。2010—2012 年这三年间上海工业设计产业的增加值持续上升,产业集聚的规模效应已经显现,工业设计产业的集聚发展已经成为推动上海经济增长的重要因素[101]。江苏、浙江地区也在积极推进设计发展。尤其是浙江省,目前已发展成为仅次于广东的工业设计产业大省,全省有工业设计公司 3 800 余家,近 15% 的大中型制造企业设立了工业设计中心或设计院。到2016 年底,全省 16 家省级特色工业设计示范基地已集聚工业设计企业 817 家,累计实现设计服务收入 77.8 亿元[102]。

珠三角地区:珠三角制造业的蓬勃发展为设计产业提供了良好的环境。珠三角是我国最早开展大量设计实践活动的地区[103]。据 1998 年的不完全统计,广东省从事产品设计的专业公司仅有 30 余家,其中广州约 20 家,深圳 8 家,营业额都较低。而至 2012 年,广州已有各类专业设计企业 2 100 多家,设计产业直接创造产值约 165 亿元,拉动工业总产值超过 1 300 亿元。深圳设计联合会统计,仅深圳的产品设计公司已超过 200 家,足见珠三角地区对自主创新优势发展的重视[104]。2012 年,"设计之都"深圳一年的工业设计产值达 31 亿元,2013 年,深圳工业设计产值达 42 亿元(仅含专业设计企业的设计产值),创造了逾千亿元的经济价值[104]。

因为设计的服务性特征,独立的设计机构可分为独立的设计公司和企业的设计部门两部分。我国的独立设计公司最早起源于企业的设计部门,如珠三角地区南方工业设计事务所、美的工业设计中心等一批有影响的工业设计公司,均由企业的一个下属部门逐步发展壮大而成。这些独立设计企业充分发挥专利技术的原创优势,有意识地发掘、运用新技术,强调新技术的产品化和商品化设计,并进行自主创新[105]。还有一些新兴的独立设计公司则致力于提供专业化的设计服务,如洛可可、浪尖和嘉兰图等,工作包括造型设计、结构设计、模具设计,倡导一站式、一体化的全方位设计服务,并在这种全流程设计中取得了突破,获得国际大奖,提升了我国设计的国际影响力。

企业的设计机构因各自生产方式、产业属性的差异,以及企业领导层对设计的战略定位理解不一,在具体的组织结构上各不相同。但是近年来,如腾讯、阿里、百度、华为、联想、海尔等企业均建立了相对独立的设计(创新)中心,并安排高层领导直接管理。这些发展比较出众的头部公司认同了创新设计的重要地位,将创新设计定位为企业的次核心技术,特别将创新设计定位为产品创新的引擎以及品牌塑造的利器。

柳冠中认为,近十年来我国设计产业已经进入快速发展的轨道,初步建立起以企业为主体、以市场为导向、产学研相结合的设计创新体系,并在政府的引导下呈现出设计与科技、设计与实体经济深度融合的发展态势。在我国的设计产业发展统计中,产业园区作为直接受益于政策利好的实体,成为设计产业的公共服务平台,能较好地形成"政产学研商"的机制,对政府、企业的沟通起到了承上启下的作用。产业园区的特点是依托相应地区的产业集群,集聚人才,形成一定的产业链系统,成为研究设计产业发展的重要依据。据清华大学艺术与科学研究中心的统计,至2016年,全国的文化创意产业园约为2 000家,而分布在北京、上海、江苏、浙江、广东等地的文化创意产业园占了半壁江山。在这些园区中,设计类企业与非设计类企业的比例约为7.1∶1,2015—2016年度的设计类营业额与非设计类营业额约为13∶1,近60%的园区营业额几乎全部来源于设计类业务[106]。可以说,这些文化创意产业园大半是设计产业园。

但总体而言,除少量大公司之外,我国企业并没有形成完善的设计创新体系,对设计的重要性的认识严重不足,很多仅将设计作为"包装"看待。有些企业没有设计部门,也鲜少外聘设计公司,对设计投入极少,为了满足迅速包装上市的需求,甚至直接抄袭现有产品,导致"山寨"现象风起。这不仅对设计创新的发展没有好处,还对我国设计的整体形象造成了不良的影响。同时,设计公司本身也大多是中小型公司,主要依靠人力资源作为基本的资产,相对规模太小,在资本市场上不受重视。并且因为运营渠道狭窄,只能不断复制积累的经验,用低廉的价格获得外包生意,一方面降低了设计的品质,另一方面也难以获得新的增长点。因为人力资本投入高,资金缺乏,税收压力大,增值途径少,很多中小型设计公司遇到大的危机很难挺过去。

3.2 我国设计系统结构框架

为了方便理解,本研究以图像分类形式根据前文分析整理我国目前的设计系统结构框架,如图3-1所示。

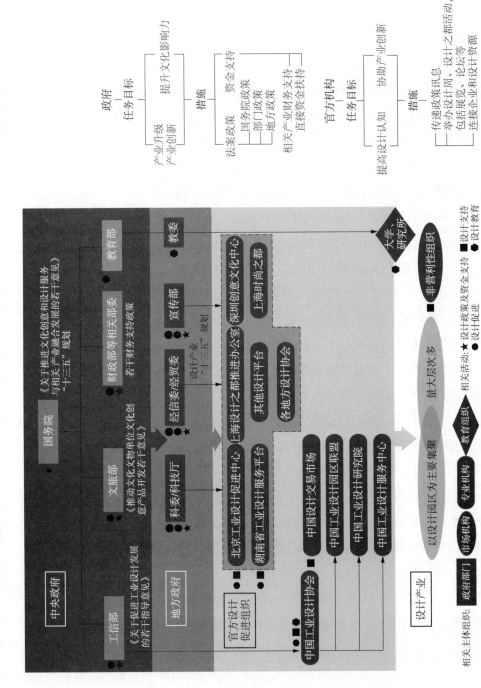

图 3 - 1　中国设计系统框架

本书将设计系统框架分为政府层和产业层进行观察,同时采用符号对不同组织涉及的设计行为进行分类。对设计政策及资金支持用五角星表示,设计支持类活动(帮助企业和设计搭建桥梁)用方块表示,设计促进类活动(提升大众对设计的认识)用圆形表示,设计教育(传统教育及设计培训)以六边形表示。同时使用圆角和方角作为不同组织的代表,以视觉化的形式对我国设计系统框架进行描述。

以我国为例,整体来说设计作为国家近年来重视的创新生产战略中不可或缺的一部分,正在得到越来越多的重视,设计系统分成四块,分别为中央政府、地方政府、官方设计促进组织和设计产业。结构基本完善,设计整体正在进入快速发展轨道,有望在未来取得明显进展。以下分别对这四块进行阐述。

(1)中央政府主要负责国家级政策的颁布。目前虽然设计未作为国家级别的单一政策出现,但已经有多个重要文件将设计列入其中,将其作为创新驱动产业发展的推手,大力宣传和提倡。然而在这一层面依然存在问题。国务院以下,工信部主要抓工业设计,将其作为创新驱动的引擎,目前已经有了一系列的措施,取得了一定进展,然而服装设计、创意产品设计属于文旅部,建筑设计属于建设部,平面设计、室内设计没有具体主管部门,职责划分不清,得不到统一的政策规划。

(2)地方政府主要根据中央政府的战略目标负责地方的经济发展。地方政府的设计政策虽然也存在归属不清(如工业设计在北京归属科委管,而设计产业在上海归属经信委管)的问题,但总体来说比较固定,目前在北京、上海、深圳、杭州等地已经取得了一定的成就,形成了一些知名的官方设计促进组织。但同时也应该看到,落实到各地方政府后,由于我国各地区经济发展不平衡,过去的基础较差,因此设计发展存在很大的差异。除了工业较为发达的少数几个中部大省,我国有很多内陆省市在设计上几乎是无声的,哪怕实际上有设计系统的存在,也因为影响力微小而很难找到实据考察。设计本身作为服务业,需要和实体经济结合促进产业发展,所以在科技和经济不发达地区的发展势必会受到一定限制。

(3)官方设计促进组织。中国工业设计协会作为唯一的国家级设计协会,直属工信部,在工业设计方面起到了重要的桥梁作用,联合多地政府建设国家级的设计推广平台,如中国工业设计研究院、中国工业设计服务中心等,落户在上海、南京等地,一方面通过政府推广提升影响力,另一方面也为城市产业集聚区服务,创造了很多价值。京津冀、长三角、珠三角等发达地区纷纷由市长、省长等主要领导挂帅，成立设计推广机构，从公共财政中进行拨款，通过政府主导的平台对设计产业进行支持，也通过政府领导的行为从上而下推广设计，在政策公开、优惠政策扶持、公共活动等多个方面培育城市设计产业，发展城市创新经济。

（4）设计产业。在地方政策扶持和影响下，我国有很多创新产业园区，我国的设计实体有相当大一部分是以这些设计产业园区承载主要设计活动的，设计相关企业与设计园区存在很大交集，成为政府管理和推广设计的重要抓手。但现状是我国的专职设计企业体量小，从业人员良莠不齐，严重缺乏有经验的资深管理者，闭门造车者众多，缺乏一定的市场管理经验，经常不能满足政策资助要求，甚至无从得知政策优惠渠道。从顶层到下层，每一层之间都存在脱节，而且基本是纯从上往下的结构，下部设计产业直接面向市场流通，较难往上影响决策，"政产学研"相互促进、相互流转的结构仅在极少量地区存在良性循环，因此改进空间依然很大。

3.3　其他国家设计系统发展案例

本节主要选取了英国、欧盟、美国、日本、韩国作为主要研究对象。原因如下：英国是设计系统理论提出国，在政府引导设计产业发展中处于先进地位；欧盟作为一个政治联盟整体，既有发达的工业国家，如德国，也有以设计取胜的北欧国家，如芬兰、瑞典，在幅员辽阔、发展不均等特征上与我国相近，可作为重要参考；美国是世界第一大经济体，创新成果丰硕；日韩为我国近邻，日本代表了传统发达国家的设计产业发展路线，韩国代表了设计驱动创新的新兴发达国家的发展路线。

3.3.1　英国设计系统发展——设计研究引导政府推进创新策略

英国自威廉·莫里斯提出工艺美术运动开始，在设计产业上一直走在前面，其中 1944 年成立的设计议会（Design Council）功不可没。在英国的设计产业发展过程当中，英国政府扮演了重要的角色。其作用主要体现在两个方面：通过成立设计组织、举办相关活动，直接推进设计产业发展；通过资助各类专业研究，为设计与产业结合等实际问题找寻出路，并为国家设计战略及政策制定提供参考[107]。英国设计在 1990—2000 年从早期的功能性设计转变为"设计思维",强调设计作为创新中不可或缺的一分子,拓展设计从传统外观、功能的范畴进入服务设计、战略型设计等新的范围,标志着设计产业的成熟[108]。设计被作为解决商业问题的良药,"设计思维"成为这段时间设计产业宣传的口号和标志,并伴随着政府投资的大量增长。

在全球化的冲击下,英国的制造业面临严峻挑战,与制造业相关的诸如模型制作、工程设计等也遇到相应问题,但在政府对设计产业的大力资助下,服务设计、可持续化设计则大量增长,有利于设计思维的传播发展。英国政府发布《考克斯商业创造力评论》,帮助设计和商业联合;设计议会则大力推动政府项目,包括设计灭虫(Design Bugs Out),反犯罪设计(Design Against Crime)等服务设计项目来提升设计的社会影响;英国创新和文化部提供资源用于设计技能培训;贸易与投资部与中国、印度等签署了一系列备忘录帮助英国设计企业进入新兴市场等。在过去的几年里,因为政策变化,英国对设计的资助较之前略有下降,英国设计产业略有回缩,但整体依然在国际上保持着非常强大的优势竞争力。

英国政府主要扶持的对象大多为中小型创意企业(SMEs),尤其是新兴产业。这些企业相对大公司来说普遍缺乏经营信息和支持网络及教育的机会,且多涉及复杂的创意研发工作,因此知识产权成为一个很重要的议题。英国政府特别强调将各国大使馆作为推广媒介以促进创意产业输出、提供信息服务、将科学与创意产业结合、提供财务支持及强调知识产权保护等。在这样的背景下,英国设计产业的结构中,73%是由 20 人以下的小型设计顾问公司所组成。同时,英国设计产业国际化程度非常高,根据设计议会的统计,设计业中 64%的设计组织在两个国家以上设立分部,网络非常发达。

除了政府部门之外,英国设计创新的推动相当多依赖行业协会的运作,如设计议会、设计商业协会(Design Business Association,DBA)、英国设计倡议(British Design Initiative,BDI)等。这些行业协会协助信息交流与国际化的推广工作,其设计组织功能如表 3-3 所示。

表 3-3　英国主要设计促进组织

相关组织	功　能
贸易与工业部(DTI)的设计政策单位	负责设计政策及推广。 管理 DTI 及设计议会,监督千禧年产品计划(millennium product project)。 设立网站,影响英国以外的设计师、制造商及卖家等,方便其了解英国设计产业的发展状况
文化、媒体与体育部	创意设计产业的政策制定单位。 负责经费分配,政策执行下发其他部门
设计议会	政府组织。 设立目的在于激励英国企业运用设计,以促进繁荣及提高人民福祉。其使用的方法是发展新的知识、创造工具及提高认知等
英国设计与艺术指导协会(British Design & Art Direction)	代表设计及广告业社群的专业非营利协会。 目的在于设立卓越的标准,并推广至企业界、教育界及激励下一代创造力的产生
设计商业协会（Design Business Association)	设计产业的贸易协会。会员资格申请对所有领域的设计公司的开放范围扩大,包括大型跨国企业或个人设计师群体。 推广在企业内有效地使用设计及提供相关服务,例如提供技能训练、举办座谈会、协助招募人才、提供出口的相关展示与训练服务等
设计博物馆（Design Museum)	国家设计机构,1989 年成立。 执行国际展览计划。 目的在于使大众了解及认识设计对我们所使用的产品、沟通及环境的影响
英国欧洲设计协会(British European Design Group)	独立设计师用于推广其设计产品的团体。 组织国际的贸易展示活动,以及进行市场研究等
英国设计倡议（British Design Initiative)	致力于协助设计业出口,例如通过所设立的网站提供英国设计业国际营销的平台等。 1999 年开始建立设计伙伴关系以凝聚出口策略。设计伙伴如 BDI, British Council, Craft Council, CDS, DBA, RIBA, Foreign & Commonwealth Office 等。 1999 年开始编制英国设计产业的手册与评估调查,如 Design Handbook, British Design Industry Valuation Survey 等。 2001 年创立全球设计在线(Global Design Online),开放给全世界的设计单位进行设计信息的搜寻,推动设计公司之间的交流

英国对设计业的发展提出了具体的跨部门发展计划,该计划旨在通过高层次的技术合作来获得高附加价值,包含设计教育、设计支持、设计产业三方面,这一计划对设计业提出了具体的发展建议。英国还通过产学研多方面、多层次的合作建设设计产业发展模式。英国的设计者已经利用自身的知识和对其他领域的咨询对大量的设计组织提出了建议,他们认为这些建议将会在下一个设计发展阶段起到至关重要的作用。经过总结的英国设计系统如图 3-2 所示。

总体而言,英国的设计系统建设走在世界前列。设计产业对政府资助依赖较高,民众对设计的认识也较为普遍。"国家设计系统"这一概念由卡迪夫大学的卡伍德教授提出,综合了英国学者洛夫在 2009 年提出的"设计基础设施"观念,成为设计管理研究面向国家层面战略挑战的重要议题。

然而英国艺术与人文研究委员会(Arts and Humanities Research Council)的设计 2020 项目,对英国近十年的设计产业进行考察,发现因为设计范畴的扩展和设计思维的滥用带来设计从业者以及大众对设计定义的模糊。且当设计思维被提出用于更高层次(如国家政策)的需求时,并没有被成功转化。有学者认为仅有政府投资并不能解决这一问题,还需要建立更完整的系统,包括分配系统和整个实施流程,需要全新的知识输入和体验设计,而以现有的设计网络并不足以完成[109]。

3.3.2 欧盟设计系统——全局推进设计战略联盟

欧盟方面借鉴了英国设计产业发展的许多成果,并且以欧盟的全局角度进行推进。英国的设计议会在其中扮演了重要角色,如 2014 年申请 380 万欧元成立欧洲设计创新平台(European Design Innovation Platform),为推广欧盟设计产业展开研究和分析等工作。

从 2010 年起,欧盟成立创新联盟(Innovation Union),作为欧盟"Europe 2020"战略中的一部分,第一次把设计纳入政策考量;2011 年,欧盟启动针对设计政策、设计提升国家竞争力研究的"欧洲设计创新倡议"(European Design Innovation Initiatives),旗下包含 6 个机构:IDeALL(研究设计整合进创新实验园区及其他相关产业),EuroDesign(研究并测量设计价值),DeEP(研究欧洲设计政策),SEE Platform(研究政策对创新设计的促进),EHDM(欧洲设计管理大本营),

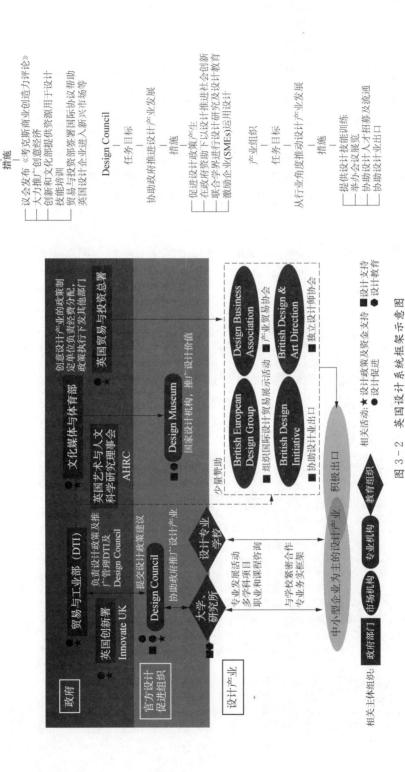

图 3－2 英国设计系统框架示意图

REDI(从地区角度研究国家如何支持产业和设计师创新)。在以上6个机构的先期成果促进下,2012年欧盟举办"为繁荣和发展设计"(Design for Growth and Prosperity)峰会,开始将设计作为国家级战略进行讨论,随后基于前几年的讨论,2014年发布Design for Innovation(设计驱动创新)计划,该计划明确提出通过设计提升欧洲的竞争力与人居生活价值,欧盟将重点加快设计在国家或地区的工业和创意活动中的腾飞。为此,欧盟颁布了设计驱动创新行动计划(2013),为欧洲设计(2014),为企业设计(2014)三大战略政策,历时多年,已取得一些初步成果。

欧盟效仿英国的设计系统架构,也成立一系列组织用于推进设计发展(见表3-4)。

表3-4　欧盟主要设计促进组织

组　　织	功　　能
Innovation Union	欧盟2020战略,2010年成立。 致力于推进科技欧洲的计划,推动各级组织间的创意合作关系,为公众和私人的创新活动提供便利
Creative Europe	欧盟创新创意计划,每年资金以8%～10%的比例上涨,2017年为14.6亿欧元。 主要资助文化创意产业
Bureau of European Design Association (BEDA)	1969年成立的欧洲设计联合会,原名欧洲设计师联盟,为设计从业人员的非营利性组织。 包括了欧盟的大部分国家,以产业联盟代表为主要参与方式,涵盖了超过40万的从业人员,经常举办高峰峰会,是Creative Europe的合作单位之一。 从设计产业的角度推进设计影响力
Design for Europe	欧盟组织的跨国创新计划,2014年开始建立,为欧盟设计驱动创新战略中的一部分。 以意大利为总部,在欧盟各地有多个分部。 通过知识交通、经验交流和技能训练等方式帮助欧洲强化设计力量,帮助经济发展、社会组织、国家决策者运用设计工具
国际工业设计协会 (ICSID)	1957年成立,涵盖超过40个国家140个成员组织,2017年重命名为World Design Organization (WDO)。 为联合国特别顾问组织

（续表）

组 织	功 能
Design for Enterprise	欧盟组织的面向企业的设计驱动创新计划。 主要为中小型企业服务,帮助设计驱动创新转型,提高中小企业竞争力、效率及可持续发展能力
Nesta	总部在英国的跨国非营利性组织,由英国体彩资助。 主要目标在于推广设计的社会性创新力量,从事社会创新工作
ENoLL	总部在比利时的跨国非营利性组织,成立于 2006 年的芬兰欧盟领导人峰会。 为泛欧洲的创新创意实验室联盟,致力于培养创新实验室,以及创新成果的商业转化

DeEP 组织把欧盟国家分成了两类,一类是设计政策清晰、设计发展明确的国家,另一类是设计政策较为模糊、融于创新政策里的国家。SEE 平台在泛欧洲的调查中发现,15 个国家在创新政策中明确提出设计驱动创新的要求,也有更多地区意识到设计的重要性,提出地区级的设计执行计划。欧盟主要国家在设计上的投入为在 R&D 投入的五百分之一。SEE 平台整理了欧盟设计创新生态系统,从设计师、设计用户、设计支持、设计推广、设计教育、设计研究、设计基金、设计活动者和设计政策 9 个方面对欧洲设计发展情况进行了调研和综述,认为欧洲总体设计系统发展比较有活力,但距离理想的设计驱动创新发展依然远远不够,要让设计全面健康发展,成为设计驱动创新的发动机和源动力,需要多管齐下,从各个方面进行综合加强。欧盟设计系统发展如表 3-5 所示。

表 3-5　欧盟设计系统发展现状

要 素	内 容
设计师	大约 410 000 专业设计师活跃在欧洲,产生约年均 360 亿欧元的营业额。 设计产业洞察报告(UK,2005,2010,2015)。 比利时、爱沙尼亚、英国建立了设计职业标准
设计用户	(非公众部分)使用设计作为战略的公司:奥地利 9%,丹麦 23%,爱沙尼亚 7%,法国 15%,爱尔兰 15%,瑞典 22%。 (公众部分)政府直接投资在设计上的 GDP 占比:丹麦 0.001 6%,爱沙尼亚 0.019 9%,芬兰 0.003 2%,英国 0.000 6%

（续表）

要　素	内　容
设计支持	针对个人组织的，2014 年 12 个项目：ReDesign(奥地利，匈牙利)，SME Wallet(比利时，佛兰德斯)，Design for Competitiveness(捷克)，Design Boost(丹麦)，Design Bulldozer(爱沙尼亚)，Design Feelings(芬兰)，Design Innovation Tax Credits(法国)，Extraversion（EL），Design Business Prot（波兰），Design Leadership(英国)。 公共方面：Design of Public Services(爱沙尼亚)，Public Services by Design(英国)，Supporting Public Sector Innovation in European Regions(佛兰德斯，北法国，西爱尔兰及威尔士)
设计推广	28 个欧盟国家有设计推广活动，包括设计周、节日、展览、宣传、博物馆、专项贸易、会议、竞赛、社交媒体及公开出版物等。 ICSID 世界设计之都(2008 年都林，2012 年赫尔辛基)。 UNESCO 设计之都(2014 年毕尔巴鄂，邓迪，赫尔辛基，都林)。 ERRIN 设计日。 Design for Europe(欧洲设计创新平台)和欧洲设计创新委员会。 红点奖，iF(国际设计论坛)奖，欧洲设计管理大奖，Index Award，欧洲设计大奖，James Dyson Award
设计教育	世界前五十的设计学校有 38 所在欧洲，意大利 9 所，法国 5 所，荷兰 4 所，丹麦、葡萄牙、瑞典、英国各 3 所，西班牙、德国各 2 所，比利时、捷克共和国、芬兰和斯洛文尼亚各 1 所。 2014 年共有 2 万名学生在这 38 所学校。 国际艺术、设计及媒体学校联盟(CUMULUS)
设计研究	国际艺术、设计及媒体学校联盟(CUMULUS) 设计研究网络 设计研究协会 英国人文艺术研究委员会(2014 年，11 个设计创新研究项目耗资 620 000 欧元) 设计知识在学界和工业界相互流通
设计基金	Horizon 2020，欧洲地区发展基金，欧洲社会基金，欧洲研究委员会基金 € Design——设计价值研究(欧盟基金) IDeALL——设计整合进创新实验室及其他相关产业(欧盟基金) EHDM——European House of Design Management(欧盟基金) SEE Platform——Sharing Experience Europe——Policy Innovation Design(欧盟基金) DeEP——Design in European Policies(欧盟基金) REDI——When Regions support Entrepreneurs and Designers to Innovate(欧盟基金) Design for Europe——European Design Innovation Platform(欧盟基金) SPIDER——Supporting Public Service Innovation using Design in European Regions(欧盟地区基金)

(续表)

要 素	内 容
	PROUD——People Researchers Organizations Using Design for co-creation and innovation(欧盟地区基金) DAA——Design-led Innovations for Active Ageing(欧盟地区基金) 减免税及创新政策优惠
设计活动者	2014 年,18 个欧盟国家有设计中心。 BEDA——欧洲设计联合会(2014 年有 46 个成员国) SND——服务设计网络 ERRIN——欧洲地区研究及创新网络 ICSID——国际工业设计行业委员会(2014 年有 153 个成员国) CUMULUS——国际艺术、设计及媒体学校联盟 ICO-D——国际设计委员会 DME——欧洲设计管理 EIDD——为全欧设计 ENEC——欧洲可持续发展设计中心网络 ECIA——欧洲创意产业联盟 UEAPME——欧洲手工业、中小企业联盟
设计政策	丹麦、爱沙尼亚、芬兰、法国和拉脱维亚有专门的设计政策。 2014 年 15 个欧盟国家在创新政策里包含了设计。 2014 年 9 个地区建立智能专业战略。 2013 年欧盟颁布设计驱动创新行动计划。 2010 年欧盟开始建立创新联盟(Innovation Union)。 2009 年欧盟设立可持续设计指令。 政府建立相关部门:MindLab(丹麦),Experio(瑞典),Government Digital Service & Cabinet Office Policy Lab(英国)。 欧盟设计跨部门集团(European Commission Interservice Group for Design) 欧洲设计领导董事会(European Design Leadership Board)

  28 个欧盟国家全部都有相应的设计推广行为,18 个国家建立了设计中心,15 个国家有专项设计政策,12 个国家有设计支持行为。33%的企业不使用设计,22%将设计作为外形设计,30%将设计作为开发流程,15%将设计作为企业战略中的一部分。Nesta 的 2014 创新报告里测算,三分之二的英国私企人力产值来源于创新,其中 12.5%来自 R&D,10.5%来自设计[110]。在第一产业、第二产业相对疲软的情况下,很多国家把创意产业作为重振经济的重点培养对象,英国在欧盟中算特例,企业中的设计投资占 GDP 的 2.63%,超过 R&D 的 0.99%;但在欧盟其他国家,哪怕是以设计著称的丹麦和芬兰,企业中的设计投资依然非常稀少,仅分别

占 0.38% 和 0.21%,不及 R&D 投资(1.98% 和 2.51%)。DeEP 的研究也从另一个角度证明了 SEE 平台的发现,他们从设计政策绩效角度出发对国家设计系统进行评估,认为欧洲各国政府已经意识到了设计的重要性,在国家政策方面均有所体现,但在部门层面的设计推广需要加强。欧盟设计系统框架如图 3-3 所示。

总体来说,欧盟作为一个整体设计系统发展并不均衡,少数发达国家如丹麦、瑞典、芬兰等很早将创新设计发展作为提升竞争力的国家战略,其在设计系统架构上存在一定优势。因此,欧盟的设计政策倾向于促进交流和培训,力图在有突出优势的基础上更为均衡地发展。欧盟委员会已经认识到了建立全欧的设计政策的必要性:设计是创新的基础发动机,在欧洲整体工业下滑的情况下欧洲的竞争优势越来越依赖现有条件,包括文化遗产、多样性、原创性及创意潜力。设计能够带来的帮助是整合现有优势进行差异化发展,是欧洲非常重要的竞争力源泉。但与此同时的阻碍和困难也非常多。创新设计的计划推进十分碎片化,几乎没有国家建立起完整的设计创新政策体系。

除此之外,欧盟的设计系统研究工作也有一定困难,尽管欧盟已经走在数据公开的前列,但在设计方面的统计数据依然相对缺乏,欧洲设计创新方案平台的六大机构不约而同地提到这点,并使用定性结合定量的方式进行统计研究。截至 2017 年,欧盟研究文献里均涵盖了英国的设计产业,且受英国设计研究影响巨大,未来在英国脱欧的影响下,欧盟设计系统将会发生怎样的转变尚且需要观望。

3.3.3 美国设计系统——以产业为核心,行会组织主导

美国作为世界第一大经济体,在创新上一直走在前列,设计系统研究亦开始得很早。早在 20 世纪 70 年代,国家艺术基金(NEA)响应尼克松总统的号召,召集了一次大规模的讨论,主要讨论艺术在美国社会如何运作。1972 年,美国设立联邦设计推广部,将其作为联邦人文艺术协会的资助机构,随后开展了一系列设计从业者和联邦雇员之间的会议。1973 年第一届联邦设计集会有超过 1 000 人参加,会上正式成立联邦设计组织(FDA),FDA 在 1974 年、1975 年、1978 年继续召开会议,形成了联邦设计提升倡议(Federal Design Improvement Initiative)。美国还提出整合美国国家设计战略,以及讨论国家级设计政策,并取得了一些重要成就,例

欧盟
任务目标
措施

利用设计整合现有优势（文化遗产、多样性、原创性及创意潜力）进行差异化发展

□ 将设计纳入欧盟2020，作为重要国家级战略
□ 提出多项地区设计振兴计划
□ 利用设计推动大量社会创新多项专门资金支持

设计促进组织
任务目标　提升设计价值
措施

利用设计创新和社会创新

□ 通过知识交流、经验交流和技能训练等方式强化设计力量、帮助经济发展，社会组织，国家决策者运用设计工具
□ 培养创新实验室
□ 设计大量设计推广活动、设计周、节日、会议、竞赛、社交媒体及商贸易、宣传、博物馆、专项开发版物
□ ICSID设计之都和UNESCO设计之都活动及推广
□ 红点奖、iF（国际设计论坛）奖、欧洲设计管理大奖、Index Award、欧洲设计大奖等

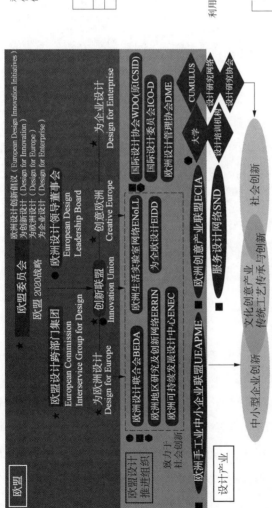
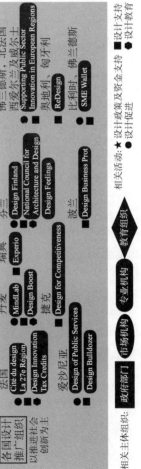

图 3-3　欧盟设计系统框架示意图

如从 1972 年至 1981 年的联邦图像提升项目（Federal Graphics Improvement Program），超过 45 个政府机构重新审视了他们的视觉形象，包括 NASA 和美国邮政局，后来成为政府视觉形象的典范[111]。还有联邦建筑项目，对全美的政府建筑语言进行了规范，最终形成了影响力巨大的"公共服务杰出设计项目"[112]。

从 1981 年到 1993 年间，因为里根总统和布什总统对财政赤字的控制影响了全国性的设计政策，直到克林顿总统上台，NEA 设计项目又重新回到人们视野，美国准备成立国家级的设计协会，提出"产品、交流和环境的设计是一项战略型的国家资源，其潜力远未开发"。一系列会议陆续召开，围绕国家级的设计组织展开讨论，并在第二年（1994 年）发布了《对白宫设计协会的建议》，但随后因为总统换届选举的影响，NEA 削减预算，该项目没能得到执行，但产生了一些影响深远的概念，包括"设计是提供一个健康、安全、可持续的环境的必要因素，同时也是长远地合理运用自然资源、土地和基础设施的战略型工具"。

直到在 2008 年华盛顿的国家设计政策高峰论坛上，美国国家设计政策倡议（The US National Design Policy Initiative）再次成为设计界专家学者们关注的重点，会上总结出了"设计的十大原则"，随后 2009 年，紧跟着产生的《再设计美国的未来》报告延续了 2008 年的峰会讨论结果，并且提出面向 2010 年的三点计划，包括：第一，在 K-12 年级的基础教育中增加设计创新模块；第二，准备并发布设计对社会、经济、环境的影响案例报告；第三，与设计社群、政府组织和利益相关方举行圆桌会谈。这一报告被认为和英国 2005 年发表的《考克斯商业创造力评论》遥相呼应。

美国设计协会（American Design Council）实际上是 AIGA 拥有的商标，AIGA 成立于 1914 年，全称是美国平面艺术协会（American Institute of Graphic Art），2006 年增改目标为"全美设计师社群之声"，成为美国设计师协会。从这点中亦可看出，美国设计协会是更倾向于工会组织的设计师职业协会，而非面向整个社会的组织[113]。从国家层面上来说，美国没有直接支持设计应用和设计价值推广的政府部门，美国的设计活动极少融合政府行为，政府方面主要负责在创新政策上给予支持，如 2009 年《美国创新战略》中提出要实现研发税收减免永久化。在 2011 年新版的《美国创新战略》中，奥巴马再次呼吁简化研究税收减免政策并使其永久化，从而为美国企业创新和加大研发投资提供持续动力。美国的行业协会资源众多,发展蓬勃,主要由行业协会促进设计业的发展。此外,为了保证创新企业的活力,美国各个州和地方政府十分重视对中小型创新企业的保护,为其积极融资,妥善规避风险并提供各类保障。

美国的设计组织协会在维系设计师社群和推广设计方面起到了重要作用,表3-6 列举了一些重要的组织。美国设计系统的目的一方面为保障人民健康安全,提升人民生活水平,主要工作为建立设计标准,提出设计政策;另一方面为保障市场经济的竞争优势,包括通过建立设计中心等方式提升设计,并通过创新政策鼓励创新。

表 3-6　美国主要设计促进组织

组　　织	功　　能
国家艺术基金会(NEA)	1965 年成立的独立联邦机构,以支持艺术发展; 部分项目赞助设计产业和协会; 为各设计协会的指导单位
美国设计师协会(AIGA)	1914 年成立的美国艺术家协会,非营利性组织,主要以平面设计为主,如今有超过 2 万名会员,200 个学生团体,分布在 17 个地区; 2006 年改名为美国设计师协会,为全体设计师服务
美国工业设计师协会(IDSA)	1920 年成立,为工业设计师联盟,非营利性组织; 自 1980 年起举办 IDSA 比赛,影响深远
美国室内设计师协会(ASID)	1931 年成立,有超过 4 万名成员; 经常通过举办展览、竞赛等推动行业发展
室内设计协会(CIDA)	成立了超过 35 年,是美国高等教育委员会的顾问单位,协助认证室内教育学历; 主要在教育方面培育室内设计师
设计管理协会(DMI)	1975 年成立,以面向企业的设计管理者为主要服务对象; 超过 40 个成员国的跨国协会,推广设计思考,研究设计管理
交互设计联盟(IxDA)	2005 年成立,有超过 8 万名会员,为世界上最大的交互设计组织; 主要在北美和拉丁美洲推广交互设计; 举办各种会议和论坛
国际室内设计联盟(IIDA)	为商业室内设计服务的非营利性组织,国际性强,有超过一万五千名会员; 主要为商业服务,促进设计师和商业合作

美国设计系统框架如图 3 - 4 所示。

美国并不是像欧盟和英国那样以政府和公共开支为设计系统创新主导,而是以其发达的商业为主要背景基础,以企业为绝对核心。剑桥大学设计工程研究所的调查显示,美国按绝对指数来评价,尽管公共投资比较少,但是美国的设计业是充满活力的,除了设计注册量外,美国在其他方面都处在世界领先地位。

与欧盟类似,美国缺乏针对设计的专项统计数据,但国家艺术基金会 2012 年对工业设计行业进行了深度调查,其中部分数据可作为参考。调查结果显示,工业设计正处于最好的发展阶段,全美设计专利数量达到了 20 年以来的高峰[114],绝大部分集中于大公司,并且 40% 的设计专利申请者也同时申请了实用新型专利,而实用新型专利申请者仅有 2% 申请了设计专利,意味着这些设计师同时也是创新发明家。

美国设计系统以产业为核心,重点在于通过创新产品的开发获利,其设计尤其是在制造业和新兴产业方面的影响越来越大,但因为缺少较多的国家政治干预,也因此受市场影响较大。国家设计政策组织提出的建议在设计界引起了不少争议,有些人反对该提议,认为并没有解决美国设计的问题,并且美国设计以企业为单位,以行业协会为组织的习惯由来已久,对政府介入的态度较为暧昧,目前尚未有新的动向。

3.3.4　日本设计系统——公共投资推动好设计影响力

日本以国家行为推动设计发展的习惯由来已久。1928 年,日本成立第一间国家设计实验室,邀请了夏洛特·贝里安和布鲁诺·陶特等知名设计师为日本设计战略出谋划策,将工艺美术与设计分离开来。1958 年,Good Design Award 设立,通商产业省(MITI)成立了设计部门,1960 年日本贸易振兴会(JETRO)设立了日本设计处(Japan Design House),积极推进日本战后设计的发展。

日本战后百废待兴,政府意识到工业化发展优良产品是最快出路,与此同时设计也被引入作为重要的复兴工具,Good Design Award 就在此环境下提出,作为好设计精选项目的重头戏遴选优良设计。随后一些贸易组织涌现,例如日本工业设计协会(JIDA)、日本设计委员会(JDC)等。1961 年 MITI 提出建立全新的设计推

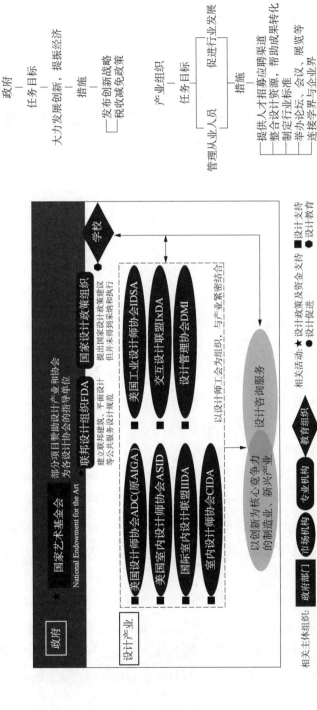

图 3 - 4   美国设计系统框架示意图

进委员会,并在 1969 年成立日本工业设计推进组织(JIDPO),1971 年 JIDPO 加入了国际工业设计联盟(ICSID),并在 1973 年和 JIDA 承办了 ICSID 的"设计年"活动,此后出口疯长,设计的力量已经被企业界认可。JIDPO 继承了日本贸易振兴处的设计处和 MITI 早前推进的好设计精选项目,成为一个独立运营的组织,并在 1975 年发布了地区设计振兴计划,在此后十年的时间里促进大半个国家的主要工业中心结盟并推广设计服务。1981 年日本设计基金会(JDF)成立,自此直到 2009 年一直负责国际设计竞赛和设计交换活动,致力于提升日本设计的国际影响力。

到了 20 世纪 80 年代,日本的经济发展进入高速时期,产业扩张迅速,设计需求激增,设计的导向从消费品逐渐转向工业产品和公共服务用品。MITI 和 JIDPO 提出将设计作为提升生活和社区发展的对策,将政府、企业和学校三方对接,并将 1989 年定为"设计年",举办包括世界设计博览会等大型活动,由此设计的影响力被推至最高,并扩展了应用范围。90 年代泡沫经济的破裂也极大影响了设计的发展。设计推进委员会将重心移到了设计资源的新应用以及设计教育上来,JIDPO 因此建立了设计资源发展中心(Design Resources Development Center),随着日本政府改革,MITI 对好设计精选项目放权,改组成经济产业省(METI),将 Good Design Award 完全交给 JIDPO 运作。METI 在政策上继承了 MITI,在制造产业局和信息政策局都设立了设计政策部,继续从中央层面推进设计发展。2011 年 METI 推出了"酷日本"形象计划,在国际上推广日本的创意产业,以设计打造日本的新形象。2004 年 JIDPO 发布杰出设计公司奖(Design Excellence Company Award),同一年,东京都政厅发布东京设计市场(Tokyo Design Market)项目,这两个项目体现了日本设计转为设计驱动的商品创新。2011 年,JIDPO 改组成为日本设计推进协会(JDP),继续作为与政府关系紧密的专业组织推进设计的可持续发展和商业化应用。

日本设计产业的发展优势在于根据时代的变化及时做出调整,政府有意识地进行政策和投资引导;法律体系较健全,有利于保障知识产权和创新价值;同时全国各地区根据当地文化及工业生产特点开展地方性的设计活动,突出特色,使全民对设计价值的认知较高。本研究将日本设计系统分成设计政策、设计产业、设计教育和设计文化 4 个部分,对日本的设计发展总结如表 3-7 所示。

表 3-7 日本设计系统发展状况

类别	指标	指标值	标注
设计政策	设计相关的职业机构、组织及联盟	超过 52 个	有超过 10 个设计组织由 METI 的设计政策办公室运营。除此之外,还有超过 42 个与设计相关的大型组织
设计产业	设计公司	9 904 个设计公司,其中 3 951 个在东京(2006 年)	
	设计公司年收入	平均收入 6 600 万日元(2006 年)	
	设计师人数	164 741 人(2006 年)	其中 64 411 人为设计公司工作,100 330 人为非设计公司工作
	设计相关的专利数	29 382 项(2008 年)	33 569 项设计申请了专利,日本专利局批准了 29 382 项
设计教育	设计教育机构数	150 个(2009 年)	
	设计专业教师人数	5 887 人(2007 年)	并非直接的设计专业教师人数,而是艺术教育专业的教师在大学有 4 708 人,在大专有 1 179 人
	设计专业在校生	31 444 人(2009 年)	27 425 名为大学生,4 019 名为大专生
	设计专业毕业生	8 686 人(2009 年)	6 575 名为大学生,2 111 名为大专生
设计文化	设计相关展览馆/画廊	超过 15 个	
	设计杂志	超过 42 种(2010 年)	超过 42 种设计类杂志在日本发行
	设计竞赛	大约 1 500 个(2010 年)	

日本的整体设计系统由政府引导,在宏观上用政府资金和政策扶持创新型中小企业,提出保护知识产权和反不正当竞争法案;政、企、学联动,加强设计人才培养和学术研究,积极推广国际交流,将"感性价值"作为日本设计的国家战略进行层

次上的提升;再通过和政府关系紧密的民间组织如 JIDPO 大力推行优良设计的奖励制度,提高设计在社会上的认知和影响力。日本设计系统框架如图 3-5 所示。

日本在设计上的公共投资非常高,每年的设计毕业生占全球首位,可见日本政府有着明确的设计抱负,专注于提升竞争力和维护社会利益,并且十分注重设计教育,运用设计给人民创造高质量的生活。剑桥大学设计工程研究所的调查显示,日本的设计注册量和商标注册量在世界各国中居于前列,然而日本本土的设计公司数量和设计就业情况却不容乐观。在世界竞争中,经济环境对日本并不有利,随着人口出生率下滑,国家进入老龄化社会,国内市场萎缩,大公司越来越多地需要走出国门,利用设计驱动创新带来的差异化能力参与国际竞争。METI 传统的"推广好设计"政策已经不充足,日本需要制定长期的设计战略,提高日本设计在国际上的影响力。

3.3.5　韩国设计系统——国家强力计划以创新设计为国策

韩国经济的腾飞发生在 20 世纪 60 至 90 年代,被称为"汉江奇迹",设计的发展也在其中抹上了浓墨重彩的一笔。最早设计是作为美国国际合作处(ICA)的技术援助计划中的一部分,该计划主要针对非工业化和半工业化国家,资助了关于韩国手工业发展的研究,同时强调增加韩国产品在美国和其他市场的竞争力。在这一计划结束后,1958 年,韩国成立了手工业展示中心(KHDC)。KHDC 在 1961 年因 ICA 计划的撤资而解散,但其间通过美国的协助建立了韩国的设计教育课程体系,奠定了韩国设计产业的基础。韩国很快面临了快速工业化发展的挑战,于是提出一系列五年计划,将出口作为韩国经济腾飞的引擎,这提升了对设计的需求。一开始设计仅作为"产品外形"的服务存在,官方的标语是"优美艺术出口"。1965年,一群设计师建立起韩国设计中心(KDC),该中心在 1970 年与另外两个包装组织合并,成为韩国设计与包装中心(KDPC),延续至今,举办了大量设计推广活动,成为促进产业和学界交流的重要桥梁。但同时也看出早期韩国设计的倾向,以"包装外观"作为主要诉求。

在 20 世纪 90 年代,受日本影响,韩国开始意识到设计超过外形美工的价值所在,设计作为提升产品竞争力的重要工具受到了重视。1991 年,KDPC 改名韩国

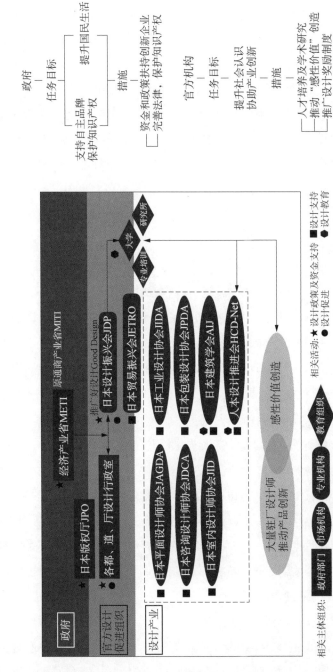

图 3-5 日本设计系统框架示意图

工业设计推进会(KIIDP),强调设计提升产品竞争力的作用。1993年,第一个工业设计五年计划颁布,设计师和设计公司数量大量增长,针对中小型企业的设计开发投资也同样增长迅速。1997年,亚洲金融危机爆发,韩国企业大洗牌,剩下的公司重新规划了产品开发和市场营销流程,一些大公司(三星和LG等)强化了设计部门,这一举措最终推动韩国形成了一批设计驱动创新的公司。

第二个工业设计五年计划强调优质而非优量,设计战略的创新成为这个阶段的重点。由贸易产业能源部下属的设计品牌科进行设计政策的成型及推广。韩国通过这一计划积极推进国际影响力,并成功地于2000年举办了国际平面设计协会联合会(ICOGRADA)千年盛会,于2002年举办第一届世界设计论坛(World Design Forum)等。2001年KIIDP改名为韩国设计振兴院(KIDP),成为韩国官方的设计管理组织。

第三个五年计划在2003年颁布,通过系统地推进设计产业,计划将韩国建设成东亚的工业中心。这一阶段的主要成就是各项设计基础设施的建设。为了避免设计过度集中于首尔地区,韩国政府出资500亿韩元在光州、釜山、大邱建立起新的国家级设计中心,还另外在全国各地建了16个设计创新中心,为学校、中小企业和设计师服务[115]。第四个五年计划于2008年颁布,开始将韩国作为一个国家品牌推出。经过四个五年计划,韩国的设计产业发展非常蓬勃,设计已经成为热门的专业之一,各大院校里都有设计教育,全国共有1 301种设计课程(2008年)。KIDP还推广在线设计教育,为设计从业者提供终身培训[116]。

韩国的设计系统结构如图3-6所示。

韩国学者将韩国设计产业的蓬勃发展归功于政府与民众的密切关系[117]。设计驱动创新在中小型企业中效果显著,而这些企业缺乏资金和资源进行独立的设计研究和推广,政府同时也需要一个跳板来研究和处理设计问题,尤其是类似可持续发展这种短期内缺乏经济回报的研究工作。于是,KIDP作为政府管理和赞助的部门就起到了重要的桥梁作用[118]。

韩国的设计系统以国家计划为显著特征,跟其他国家相比,政府对设计推广的投资明显较高,调查研究也发现,韩国政府在设计计划和项目上具有绝对的掌控力[119]。在商业方面,有许多协会来协调公司与政府之间的关系,KIDP作为政府

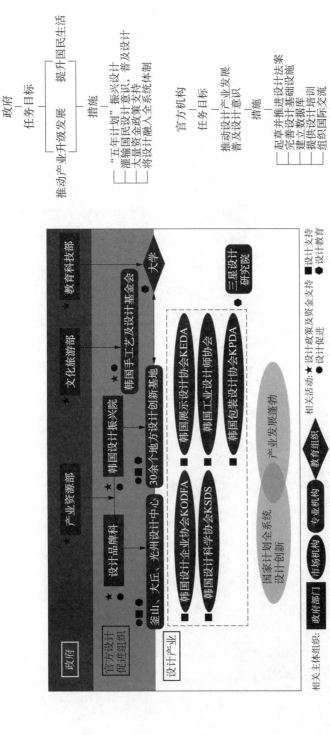

图 3-6　韩国设计系统框架示意图

管理的协会起重要作用。韩国亦非常重视设计教育,新的五年计划即在设计教育方面加强输出,满足产业各方面日新月异的需求,致力于为竞争日益激烈的国际市场提供差异化产品。

3.4 设计系统二元驱动机制

根据对各国设计系统情况的分析,本研究总结出设计系统二元驱动机制(见图3-7),该机制基本可以分为市场推动和政府驱动两方面。政府(或组织)、相关企业与院校通过设计支持、设计生产、设计教育三大方面活动形成有机闭环,以设计创新提升产品竞争力为核心,通过政策利好、设计推广等具体措施让系统运转。在经济体量大的发达市场经济体中,市场较为成熟,优胜劣汰,大众对设计认知度也较高,企业根据创新规律自发选择设计创新作为提升产品竞争力的途径,路径也比较多元化,政府只需支持产业发展,给予足够自由,如美国以行业协会代替政府作为设计系统中主要的设计支持主体;经济体量较小、基础薄弱的发展中国家则倾向于由政府启动,通过从上而下具有精确性和连贯性的政策措施推动设计创新产生

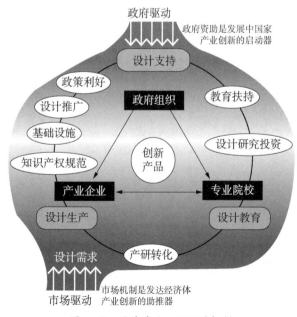

图3-7 设计系统二元驱动机制

动能。当企业自发意识到设计创新的重要性时，会形成良性循环，如韩国以政府组织为推广主体对接行业，通过政府投资拉动产业发展，利用设计提升产品竞争力，推动国家竞争力增长。英国则介于两者之间，行会和政府双双出力。欧盟整体发展不均，其中较发达地区如德国以市场推动为主，以政府推动为辅，罗马尼亚、葡萄牙等经济实力相对较弱的则以政府驱动为主。日本早期以政府驱动为主，在泡沫经济前即形成了良好的设计系统，在泡沫破灭之后依然能保持一定的科技创新实力参与市场竞争。除此之外，政府驱动的设计系统需要强有力的相关管理部门，如韩国 KIDP，日本 JDP 等，虽然它们并非政府部门，但行使部分政府职能，能够无缝衔接政府和产业，成为推动设计创新发展的主要推手。

　　若将图 3-7 与图 3-1 中的我国设计系统框架图进行综合，则可以得出如图 3-8 所示的我国设计系统运行机制。在我国，政府起到了重要的驱动作用。中央政府整体从国家政策的角度对产业进行宏观管理，包括：知识产权局建设知识产权规范；工信部建设基础设施，提出创新政策；财政部从金融角度对创新政策进行支持；文旅部提出促进设计创新政策；教育部从教育角度对设计教育进行扶持。地方政府在地方措施的角度对产业进行地方性的管理，也包括了在知识产权规范、基

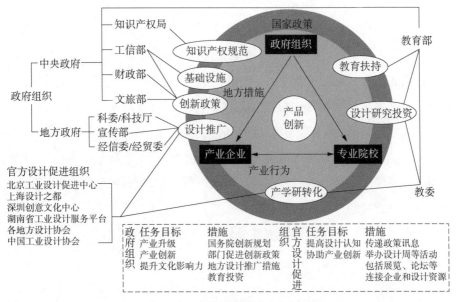

图 3-8　我国设计系统运行机制

础设施建设、相应的创新政策等方面沿袭中央思路的管理,但在具体落实设计产业管理方面,主要是由各地方部委(比如北京市科委、上海市经信委、深圳市宣传部等)通过设计推广措施促进设计产业发展,教委通过管理设计教育机构促进学校人才输送,间接促进产业创新。官方促进组织如中国工业设计协会、北京工业设计促进中心、上海设计之都等机构与政府组织协作,主要是从产业行为角度促进产业企业的发展,也涉及参与院校产研转化。

整体来说,我国政府组织发展设计产业的任务目标是促进产业升级和产业创新,利用设计来提升文化影响力,其采用的措施是由国务院制定创新规划,如"十三五"规划等,各中央部门颁布促进创新设计的政策,如工信部大力发展工业设计产业,文旅部推广设计文化产品的政策;地方上由地方各部委颁布设计推广措施,落实到具体产业企业;还有通过教育投资经由设计教育间接地对设计产业产生影响。而官方促进组织的任务目标是提高设计认知和协助产业创新,其措施包括传递政策讯息、举办设计促进活动、连接企业和设计资源等内容。

3.5 本章小结

本研究从我国实际出发,对我国设计系统进行了分析。从发展历史、设计政策、设计教育、设计促进、设计产业等方面利用文献做综合梳理分析,并利用图形和符号制作出我国设计系统框架图,并相应扩展到英国、欧盟、美国、日本、韩国等地,对其进行设计系统框架整理。根据对各国设计系统的分析详解,本研究提出了设计系统二元驱动机制,认为市场推动和政府启动是设计系统运转的二元基础机制,并将其与我国设计系统框架图结合,形成了我国设计系统运行机制图;本研究还认为我国设计系统从中央政策、地方措施、产业行为三个方面,由政府组织、产业企业和专业院校一起推动了系统运转。

为了更好地了解我国设计系统发展情况,下一章将利用本章分析出的模型对我国设计系统的绩效进行评估。

第4章 设计系统的综合绩效评价

4.1 设计系统的创新效率评价研究

本章的主要目的在于使用定量方法对我国的设计系统进行综合绩效的评价。设计系统的核心目的是为了推进设计产业的创新产出,因此,使用 DEA 方法构建国家设计系统的创新效率评价指标,并选择具有影响力和代表性的 14 个国家进行横向比较,评估我国的设计系统创新效率。

4.1.1 设计系统的两阶段独立 DEA 模型

根据上文的设计系统运行机制,对设计系统的运转进行因素归类,参考国家创新系统的结构形成图 4 - 1。根据创新系统里的三螺旋结构,设计教育部分的角色是生产知识;产业部分是利用知识;政府部门部分则提供制度环境和基础设施的保障,繁荣大学与产业之间的关系[120]。

设计的手段是利用设计知识解决问题,其终极目标始终是满足用户需求,包括消费者需求和客户需求,这部分需求由关联环境决定。在这一背景下,产业、教育、政府三大组成部分相互作用,政府通过中央政府、地方政府和官方促进组织三层机构利用创新政策、科教投入等手段对教育和产业系统产生直接影响,教育则以大学及研究所、职业培训为主,与产业联系密切,还有一部分企业的 R&D 机构也参与产业和教育之间的知识传递。在产业系统内部,则主要以公司设计部门和独立设计公司为主,对教育提出人才需求,并通过生产性设计服务满足终端用户和客户需求。产业和教育都会受基础设施的影响,比如创新政策、金融利好、通信技术等,相

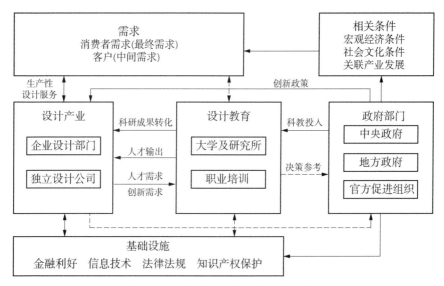

图 4-1　设计系统内各因素关联示意图

比较而言,产业受到的影响更为直接。与此同时,产业部分和教育部分也对政府部门产生反馈,间接地影响政府部门部分的运行。

创新过程具有多阶段性和复杂性,这一观点在罗斯维尔、伯恩斯坦等人的研究中被论证,他们指出创新是子阶段构成的复杂活动的综合[121][122]。创新效率的两阶段理论基于这一理论被提出,有学者将技术创新活动简化为从创新多投入到创新成果多产出,再到产品多产出两个阶段[123],董艳梅等人在研究中国高技术产业创新效率时提出基于创新过程和创新价值链可将研发创新过程划分为技术开发和技术成果转化两个阶段[68],并使用两阶段 DEA 模型对创新效率进行计算。

两阶段独立 DEA 模型将前一过程的产出作为后一过程的投入,分别计算两个过程的 DEA 效率评价,应用这一模型能够更好地考察创新过程中各个阶段的效率表现和规模效益,并提出针对性的对策。本研究把国家设计系统创新过程分为两阶段,在创新系统效率研究中,第一阶段通常是指研发部分的投入,第一阶段的产出通常是指根据第一阶段的投入产生的创新成果,在第二阶段创新成果通过经济转化过程转化为可量化的创新产值[124]。在投入产出导向的选择上,第一阶段采用投入导向模型,在产出不变的情况下,通过衡量投入量的减少幅度来确定系统效率,第二阶段采用产出导向模型,在投入不变的情况下,通过衡量产出量的增加比例来确定系统效率。若以此为参考考察国家设计系统的创新效率,亦可以把国家设计系统分为两个阶段。

若将设计系统构成图进行简化,则存在较为明显的两阶段特征,如图 4 - 2 所示。

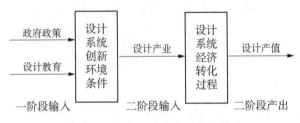

图 4 - 2　国家设计系统两阶段模型

从设计推动创新的角度来说,第一个阶段的投入为设计系统创造了创新环境条件,这其中包含了政府政策的输入、设计教育的输入。通过创新政策引导,提供设计人才等方式,可视为系统最原始的投入部分,产出为设计产业,具体为设计产业的生产要素,包括了设计产业创新能力、设计专利等内容,再通过经济转化过程,转化为可计量的设计产值,成为设计系统的第二阶段,亦即最终系统的产出结果。

4.1.2　DEA 评价指标体系

在具体创新评价指标的选择上,阿伦德尔等人认为专利数是应用最广泛的评价创新绩效的指标之一[125];哈格多恩等人在评价高新技术企业绩效时将 R&D、专利申请数、新产品发布数等作为评价指标[126];格拉西亚等人把人均生产总值作为创新产出指标,R&D 人员、经费、科研活动人员等作为投入指标[127];高淑兰在对区域科技创新效率进行分析时将 R&D 经费内部支出、科技活动人员、项目参加人员折合全时当量、项目经费内部支出、研究与试验发展人员全时当量作为投入指标,研究机构数量、高新技术企业数量、专利申请量、专利授权量、科技项目数量等作为产出指标[128]。此外,解新为在 2013 年的论文中对区域创新系统的投入产出类型进行了细分[129],将产出分为直接产出与间接产出,直接产出包括知识产出及经济产出,例如专利的申请量与授权量、创新后备人才的培养都可以作为知识产出的评价指标,新产品产值、高新技术产品总产值和技术市场成交额可以作为经济产出的评价指标;将投入分为有形投入和无形投入,有形投入包括创新活动过程中投入的人力资源和财力资源,例如科技人员数量、R&D 经费的投入、政府财政对科技的投入,无形投入包括地区原有的知识积累及创新的配套服务。

在对影响创新效率的宏观分析上,肖仁桥等人认为,除了自身的产业特征以外,政府部门的相关政策以及金融机构的支持力度也会对创新行为产生影响,并提出了劳动者素质、市场环境、产业集聚度、产业结构、企业规模、政府支持、金融环境7 个影响高技术产业创新过程的因素[69]。此外,陈岑也从产业系统、技术系统、创新政策 3 个角度对国家创新系统效率的主要影响因素进行梳理,产业系统包括生产要素、需求条件、相关及支持性产业、企业的策略结构及竞争程度,技术系统包括产业知识与扩散机制、技术接收能力、网络联结性、多元化创新机制,创新政策分为供给面、环境面、需求面政策,涉及教育与培训、法规及管制、贸易管制等方面[130]。

综合以上梳理,参考国家设计系统与相近产业的具体指标以及分析角度,针对国家设计系统的创新框架总结出如表 4-1 所示的评价指标。

表 4-1 国家设计系统创新效率评价指标

指标分类	指标名称
第一阶段输入指标	体制保障
	基础设施保障
	国家创新能力
	市场成熟度
	商业成熟度
	知识产权保护力度
	设计教育发展力度
	设计学校数
	设计专业毕业生人数
第一阶段输出/第二阶段输入指标	设计从业人数
	设计公司数
	设计注册专利数

（续表）

指标分类	指标名称
第二阶段输出指标	设计产业产值
	新产品数
	设计产品出口额

在这其中,体制保障、基础设施保障、国家创新能力、市场成熟度、商业成熟度、知识产权保护力度为国家制度保障,归属于政府政策投入部分,设计教育发展力度、设计学校数和设计专业毕业生人数为设计教育投入部分。这些指标的产出又是设计产业的生产要素,包括设计从业人数、设计公司数以及设计注册专利数。设计产业作为第二阶段的输入指标为设计产值的输出服务,最终得出设计产业产值、新产品数、设计产品出口额。在这其中,体制保障、基础设施保障、国家创新能力、市场成熟度和商业成熟度等均包含在 WIPO 统计的国家创新指数中,因此采用该指数进行计算。经过整理后得出表 4 - 2:

表4-2　国家设计系统创新效率评价指标变量

指标分类	指标变量	指标来源
输入指标	国家创新指数	WIPO
	知识产权指数	全球知识产权生态大会(GIPC)
	设计学校数	各国教育部
	设计专业毕业生人数	各国教育部
	设计从业人数/公司数	各国统计局
	设计注册专利数	WIPO 海牙设计专利注册数
输出指标	设计产业产值	各国统计局
	设计产品出口额	联合国贸易和发展会议(UNCTAD)

4.1.3　数据采集

本研究采集了包括中国在内的国家创新指数前 16 个国家的数据进行研究。在实际操作中,发现设计产品出口额数据由于 UNCTAD 的设计产品分类包含了玩具、家居装饰品等内容,不完全是设计产品,导致中国的绝对数量远远超过其他国家,无法满足 DEA 方法的条件约束,因此该指标未计入后期的数据运算。设计公司数因有部分国家统计不全,予以舍弃。设计产业产值等指标存在统计上的不完全,也导致创新指数排名靠前的爱尔兰、丹麦等国未列入统计指标。最终采集的数据为 14 个国家的数据,分别为中国、美国、日本、韩国、英国、意大利、法国、荷兰、瑞典、瑞士、德国、加拿大、澳大利亚和新加坡。

数据采集中还发现,由于设计产业的服务性特征,各国对设计产业的统计大多为问卷普查,并非每年都有,因此只能根据同一年的数据进行比对。比如大部分国家是 2016 年、2017 年的数据,但日本是在 2010 年进行了最后一次设计行业普查数据,澳大利亚是 2011 年,韩国是 2012 年,则其他指标数据也追溯到同一年,以期获得同一时期相对准确的设计系统创新效率。统计数据收集如表 4-3 所示。

表 4-3　14 个国家设计系统数据情况

国家 (统计年份)	设计产业 产值 (B USD)①	设计专利 注册数	设计从业 人数	知识产权 指数	设计专业 毕业生数	国家创新 指数
中国(2017)	69.48	627 666	17 000 000	19.08	512 416	52.54
美国(2018)	46.90	61 559	2 150 000	37.98	38 872	63.32
日本(2010)	3.49	30 805	327 000	34.58	8 686	54.72
韩国(2012)	11.24	65 469	268 556	33.42	36 397	57.70
英国(2017)	107.77	29 199	1 693 200	37.97	166 930	60.89
意大利(2017)	7.04	45 599	48 163	32.58	7 094	46.96
法国(2017)	5.08	36 473	40 000	36.74	2 000	54.18
荷兰(2017)	7.34	6 318	41 600	35.33	960	63.36
瑞典(2017)	1.13	4 092	19 570	37.03	4 000	63.82
瑞士(2017)	2.15	24 810	15 600	33.42	905	67.69

① B USD 英文全称 Binance USD,是基于区块链技术而发行的与美元 1∶1 锚定的稳定币,由币安交易所发行。

（续表）

国家 （统计年份）	设计产业 产值 （B USD）	设计专利 注册数	设计从业 人数	知识产权 指数	设计专业 毕业生数	国家创新 指数
德国（2017）	21.92	74 348	150 118	36.54	7 000	58.39
加拿大（2016）	10.78	6 533	73 604	26.5	9 000	52.98
澳大利亚（2011）	6.00	5 966	50 368	32.11	8 000	51.98
新加坡（2013）	1.69	4 092	30 000	25.12	1 000	59.24

整体来看,我国的海牙设计专利注册数、设计从业人数、设计专业毕业生人数都遥遥领先,这与我国的规模体量分不开,我国作为制造业大国,设计产品出口额也是世界第一。英国设计业产值最高,无愧于将创意设计产业作为国民产业、新经济驱动引擎的国家,其培养的学生人数也仅次于我国,为美国和德国的四倍多,美国多年来累积的从业人数较多,仅次于我国,英国紧随其后,其他国家里韩国、日本、德国规模较大,其余均为数万人的小型产业规模,但创造的产值并不低,比如荷兰每年设计专业毕业人数仅 900 余人,设计产业产值却超过了法国和意大利,证明其设计创新的效率非常高。

4.1.4　各国设计系统效率分析

对每个国家投入产出相对效率的计算模型如下所示:

$$
\begin{cases}
\min[\theta] \\
\text{s. t. } \sum_{j=1}^{14} \lambda_j x_{ij} \leqslant \theta x_{i0}(i=1,2,3,4) \\
\sum_{j=1}^{14} \lambda_j y_j \geqslant y_0 \\
\sum_{j=1}^{14} \lambda_j = 1 \\
\lambda_j \geqslant 0(j=1,2,\cdots,14)
\end{cases}
$$

其中,x_{ij} 表示在第 j 个国家第 i 种投入要素的投入量,y_j 表示在第 j 个国家产出要素的产出量,x_{i0},y_0分别指当下评价国第i种投入要素的投入量和产出要素的产出量,θ为效率评价指数。利用 DEAP2.1 软件对该模型进行计算,计算结果如图 4-3、图 4-4 所示:

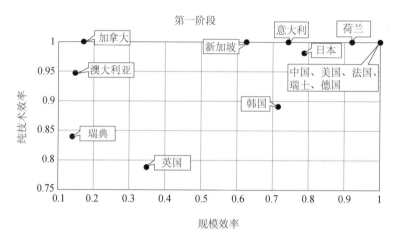

图 4-3 14 个国家设计系统第一阶段效率

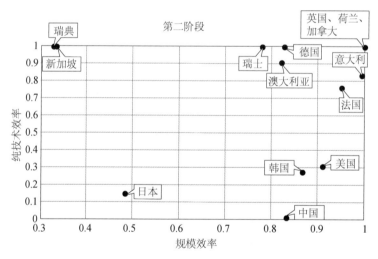

图 4-4 14 个国家设计系统第二阶段效率

在第一阶段中,将知识产权指数、设计专业毕业生数、国家创新指数作为输入,设计从业人数和海牙设计注册专利数作为输出,中国、美国、法国、瑞士、德国的规模效率和纯技术效率均达到了 1,说明这几个 DEA 达到 1 的国家在第一阶段的效率较高,政府政策和学校教育对设计产业的促进作用较大。但在第二阶段差距就逐渐拉大,对设计专利的转化和设计商业的盈利能力成为核心要素,设计产业经济产出为指标,最终排序结果如表 4-4 所示。

表 4-4　14 个国家设计系统最终创新效率排序

排序	国家	综合技术效率	纯技术效率	规模效率
1	英国	1	1	1
1	荷兰	1	1	1
1	加拿大	1	1	1
4	意大利	0.828	0.856	0.967
5	德国	0.827	1	0.827
6	瑞士	0.779	1	0.779
7	澳大利亚	0.742	0.797	0.930
8	法国	0.720	0.724	0.995
9	新加坡	0.332	1	0.332
10	瑞典	0.327	1	0.327
11	美国	0.284	0.435	0.652
12	韩国	0.237	0.402	0.590
13	日本	0.072	0.125	0.574
14	中国	0.047	0.645	0.073

从这一结果看,英国、荷兰和加拿大设计系统依然保持了较好的创新产出效率水平,尤其是在产业规模转化为产业价值的过程中,投入产出比例较高。德国、瑞士、新加坡、瑞典的纯技术效率较高但规模效率略低,影响了整体的综合技术效率。意大利虽然纯技术效率和规模效率都不算最好,但整体创新效率较高。澳大利亚、法国的规模效率高于纯技术效率。中国的纯技术效率居于中位,说明纯粹地从投入量到产出量的转化比不错,但规模效率居于末位,说明增加相同比例的投入,提高的产出比例偏低,也就是说,当前的规模效率需要改进,需要增加或者减少投入来达到最佳规模。具体将以规模收益分析进行解释。

4.1.5　DEA 有效性评价及规模收益分析

　　DEA 有效指规模效率与纯技术效率都为 1,弱 DEA 有效指规模效率、纯技术效率仅有一项为 1,非 DEA 有效指规模效率和纯技术效率都不为 1。DEA 有效可与规模效益分析同步使用,进一步分析部分国家设计系统创新效率低下的问题,再从规模效率的角度探索规模边际收益的状态。对以上两步骤进行有效性评价,得出表 4-5 与表 4-6。

表 4-5　第一阶段有效性评价及规模效益分析

第一阶段	综合技术效率	纯技术效率	规模效率	有效性评价	规模效益分析
中国	1	1	1	DEA 有效	——
美国	1	1	1	DEA 有效	——
法国	1	1	1	DEA 有效	——
瑞士	1	1	1	DEA 有效	——
德国	1	1	1	DEA 有效	——
荷兰	0.920	1	0.920	弱 DEA 有效	递增
日本	0.775	0.982	0.789	非 DEA 有效	递增
意大利	0.742	1	0.742	弱 DEA 有效	递增
韩国	0.637	0.890	0.716	非 DEA 有效	递增
新加坡	0.625	1	0.625	弱 DEA 有效	递增
英国	0.274	0.789	0.348	非 DEA 有效	递增
加拿大	0.172	1	0.172	弱 DEA 有效	递增
澳大利亚	0.140	0.947	0.148	非 DEA 有效	递增
瑞典	0.117	0.840	0.140	非 DEA 有效	递增

　　第一阶段的设计系统投入为设计专业毕业生数、国家创新指数、知识产权指数,产出为设计从业人数、海牙国际设计专利数。在这一阶段,中国、美国、法国、瑞士、德国均为 DEA 有效,说明这几国的规模效益点位置良好,荷兰、意大利、新加坡、加拿大为弱 DEA 有效,且为技术有效而规模无效,规模无效是造成弱 DEA 有效的主要原因,这跟国家的体量密切相关。日本、韩国、英国、澳大利亚、瑞典为非

DEA 有效,且均为规模收益递增,一方面说明这几国的规模体量较小,另一方面也说明整体创新效率存在改进空间,这几国在设计创新投入方面可以改善,增加适量投入会带来更高比例的产出增加。

表 4-6　第二阶段有效性评价及规模效益分析

第二阶段	综合技术效率	纯技术效率	规模效率	有效性评价	规模效益分析
英国	1	1	1	DEA 有效	—
荷兰	1	1	1	DEA 有效	—
加拿大	1	1	1	DEA 有效	—
意大利	0.828	0.856	0.967	非 DEA 有效	递减
德国	0.827	1	0.827	弱 DEA 有效	递减
瑞士	0.779	1	0.779	弱 DEA 有效	递增
澳大利亚	0.742	0.797	0.930	非 DEA 有效	递增
法国	0.720	0.724	0.995	非 DEA 有效	递增
新加坡	0.332	1	0.332	弱 DEA 有效	递增
瑞典	0.327	1	0.327	弱 DEA 有效	递增
美国	0.284	0.435	0.652	非 DEA 有效	递减
韩国	0.237	0.402	0.590	非 DEA 有效	递减
日本	0.072	0.125	0.574	非 DEA 有效	递减
中国	0.047	0.645	0.073	非 DEA 有效	递减

在第二阶段,投入为设计从业人数、设计专利数,产出值为设计产业产值,本阶段的 DEA 结果发生了较大变化,英国、荷兰、加拿大为 DEA 有效,说明在第二阶段,这几国的产业创新阶段的规模效益点达到了较为均衡的水平,德国、瑞士、新加坡、瑞典达到了弱 DEA 有效,且均由规模效率偏低造成。意大利、澳大利亚、法国、美国、韩国、日本和中国均为非 DEA 有效,说明这些国家在技术效率和规模效率上均有改进空间。规模效益分析里,瑞士、澳大利亚、法国、新加坡、瑞典的规模效益递增,说明这几国需要增加设计产业投入以增加产值创新效率,而意大利、德国、美国、韩国、日本以及中国的规模效益递减,说明产业投入存在冗余和配置不均的问题,影响了整体产业的创新效率。具体就中国而言,纯技术效率较高而规模效率较

低,一方面说明我国设计产业以专利为代表的创新能力较强,但专利转化为可供计算的产值的能力较弱,尤其是设计营收偏低,存在大量无效专利,成为冗余数据,且产业配置不够合理,设计价格普遍较为低廉,在相同比例的设计专利和设计从业人数投入上,收益率偏低,影响了整体产业的设计创新效率。

4.1.6　创新效率投影分析

为了探究创新过程中非纯技术有效的国家创新投入冗余及创新产出不足的情况,并有针对性地提出改进方案,本研究从纯技术效率的角度对创新效率进行探讨。表 4-7 中的实际值指该指标的实际数据,目的值指该指标在最佳纯技术效率情况下的理想值。根据改进幅度可以看出,部分指标的实际表现落后于最佳纯技术效率。其中投入调整幅度为负,产出调整幅度为正,这是因为投入越少越有效,产出越多越有效。

从表中可以看出,从纯技术效率的角度来说,荷兰、瑞士、德国、加拿大和新加坡均已达到较好的理想值,意大利、法国、中国、美国均在第一阶段纯技术效率较高,在第二阶段尚有改进空间,其中中国通过改进第二阶段成果投入转化为产值的效率,可以将总产值的创新效率再提升 55.11%。在这几个国家里,日本、韩国、英国、瑞典、澳大利亚在第一阶段的投入改进幅度为负,说明投入产出效率略低,但在第二阶段里英国的创新效率就达到了理想值。其中日本、韩国第二阶段的改进幅度最高,一方面说明这两国改进潜力最大,另一方面也与这两国数据为 2011 年、2012 年的密切相关。

需要另外说明的是,DEA 方法的测算效率为相对效率比较,是仅针对此 14 个国家数据的分析统计,如果增加或者减少国家数据,则理想值和最佳效率都会有所变化。

4.2　国家设计系统的满意度研究

4.2.1　设计系统满意度模型

设计系统运转产生产业成果,其创新效率在上文中经由 DEA 方法进行计算,

表 4 - 7　14 个国家设计系统创新效率投影分析

国家	第一阶段的投入指标									第二阶段的产出指标		
	知识产权指数			设计专业毕业生数			创新效率			产值		
	实际值	目的值	改进幅度	实际值	目的值	改进幅度	实际值	目的值	改进幅度	实际值	目的值	改进幅度
中国	19.08	19.08	0.00%	512 416	512 416	0.00%	52.54	52.54	0.00%	69.48	107.77	55.11%
美国	37.98	37.98	0.00%	38 872	38 872	0.00%	63.32	63.32	0.00%	46.90	107.77	129.79%
日本	34.58	33.96	-1.80%	8686	8530	-1.80%	54.72	53.74	-1.80%	3.49	27.99	702.01%
韩国	33.42	29.76	-10.95%	36 397	32 410	-10.95%	57.70	51.38	-10.95%	11.24	27.97	148.88%
英国	37.97	29.96	-21.10%	166 930	105 200	-36.98%	60.89	48.04	-21.10%	107.77	107.77	0.00%
意大利	32.58	32.58	0.00%	7094	7094	0.00%	46.96	46.96	0.00%	7.04	8.22	16.85%
法国	36.74	36.74	0.00%	2000	2000	0.00%	54.18	54.18	0.00%	5.08	7.02	38.14%
荷兰	35.33	35.33	0.00%	960	960	0.00%	63.36	63.36	0.00%	7.34	7.34	0.00%
瑞典	37.03	31.09	-16.04%	4000	3358	-16.04%	63.82	53.58	-16.04%	1.13	1.13	0.00%
瑞士	33.42	33.42	0.00%	905	905	0.00%	67.69	67.69	0.00%	2.15	2.15	0.00%
德国	36.54	36.54	0.00%	7000	7000	0.00%	58.39	58.39	0.00%	21.92	21.92	0.00%
加拿大	26.50	26.50	0.00%	9000	9000	0.00%	52.98	52.98	0.00%	10.78	10.78	0.00%
澳大利亚	32.11	30.41	-5.30%	8000	7576	-5.30%	51.98	49.23	-5.30%	6.00	7.52	25.40%
新加坡	25.12	25.12	0.00%	1000	1000	0.00%	59.24	59.24	0.00%	1.69	1.69	0.00%

但其软性的部分,即从业人员对该系统运转的感知程度则无法借由已知的统计数据进行测量,因此,本研究采用公众满意度模型,对从业人员对设计系统的效果感知进行主观评价,并进行实证研究。

根据公众满意度模型调整设计从业人员对设计系统的满意度模型,如图4-5所示:

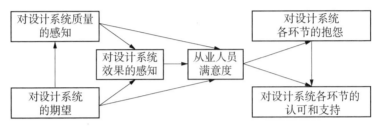

图4-5 设计从业人员对设计系统的满意度模型

该体系划分为4个层次,其中从业人员满意度为总评估指标,即一级指标,对设计系统的期望、对设计系统效果的感知、对设计系统质量的感知、对设计系统各环节的抱怨、对设计系统各环节的认可和支持为二级指标,二级指标又可根据系统内容细化为具体的三级指标,并引申出直接面向参与者的测评问题。

本研究所使用的满意度指标主要借鉴公民满意度指标体系,并由此得出满意度指标体系,如表4-8所示。

表4-8 设计系统从业人员满意度指标体系

一级指标	二级指标	三级指标
设计系统从业人员满意度	从业人员对设计系统在社会发展各个方面的期望	社会层面
		经济层面
		行业层面
		个人层面
	从业人员对设计系统质量在不同方面的感知	社会层面
		经济层面
		行业层面

（续表）

一级指标	二级指标	三级指标
	从业人员对设计系统效果在不同方面的感知	社会层面
		政策层面
		行业层面
		技术层面
	从业人员对设计系统的满意度	满意度
		信任度
		期望与现实比较
	从业人员对设计系统运行的各个环节的抱怨行为	政策层面
		行业层面
		社会层面
		个人层面
	从业人员对设计系统运行的各个环节的认可和支持程度	社会层面
		政策层面
		行业层面
		个人层面

模型假设：

H1：从业人员对设计系统的期望对从业人员对设计系统质量的感知有正向的路径影响；

H2：从业人员对设计系统的期望对从业人员对设计系统效果的感知有正向的路径影响；

H3：从业人员对设计系统的期望对从业人员满意度有正向的路径影响；

H4：从业人员对设计系统质量的感知对从业人员对设计系统效果的感知有正向的路径影响；

H5：从业人员对设计系统效果的感知对从业人员满意度有正向的路径影响；

H6：从业人员对设计系统质量的感知对从业人员满意度有正向的路径影响；

H7：从业人员满意度对从业人员对设计系统运行的各个环节的抱怨行为有正

向的路径影响。

H8：从业人员满意度对从业人员对设计系统运行的各个环节的认可和支持程度有正向的路径影响；

H9：从业人员对设计系统运行的各个环节的抱怨行为对从业人员对设计系统运行的各个环节的认可和支持程度有正向的路径影响。

如表4-9所示，本研究共有6个潜在变量，28个可测变量。其中28个可测变量即为上文中满意度指标体系中三级指标的具象化。

表4-9　模型变量对应表

潜在变量	可测变量
从业人员对设计系统的期望	A11 符合社会发展规律
	A12 符合经济发展规律
	A13 符合设计产业发展规律
	A14 符合个人发展需求
从业人员对设计系统质量的感知	A21 设计系统发展合理全面
	A22 设计系统能够满足创新需求
	A23 设计系统具有可靠性
	A24 设计系统能够灵活应对技术变革
从业人员对设计系统效果的感知	A31 配套的法律法规完善
	A32 政府宏观管理效率较高
	A33 设计促进措施丰富
	A34 设计教育满足产业需求
	A35 设计系统提升了设计影响力
	A36 设计系统加速了知识流通
	A37 设计系统推动了行业的发展
从业人员满意度	A41 您对设计系统的总体满意度高
	A42 您对设计系统的总体信任度高
	A43 您认为设计系统有助于促进行业发展
	A44 您对我国设计系统的期望与实际发展比较相符

（续表）

潜在变量	可测变量
从业人员对设计系统各环节的抱怨	A51 政策措施落实到位
	A52 制度保障和促进措施完善
	A53 设计系统内各组织合作良好
	A54 设计系统运转无碍
	A55 设计系统有利于从业人员参与行业组织建设
从业人员对设计系统各环节的认可和支持	A61 设计系统符合国家发展和公共利益
	A62 设计系统使行业更有活力
	A63 设计系统使行业更有影响力
	A64 设计系统使个人更有认同感

4.2.2　问卷设计及调查

样本数据来源为线上问卷调查,调查群体为 20 岁以上的设计行业从业人员。调查内容包括个人基本信息与满意度测量两个部分,个人基本信息的采集包括年龄、设计从业年限、从业领域、从事职务、任职机构,满意度测量围绕 6 个潜在变量设置 28 个可测变量,使用了前一章里设计系统的框架结构作为参考图,采用李克特量表法(非常同意、同意、不一定、不同意、非常不同意)提问,方便从业人员进行填写。

本次调查共有 302 人参与,收到 182 份有效问卷,本研究即基于这 182 份进行数据分析。

问卷描述性统计如图 4-6,图 4-7,图 4-8,图 4-9 和图 4-10 所示。

从年龄分布来看,主要集中在 20～29 岁,30～39 岁这个年龄段,占总样本的 86.39%,这也是设计行业作为年轻化行业的一个体现。以从业年限来看,从业 5 年及 5 年以下的占 47.34%,从业 6～10 年的占 24.26%,从业 15 年以上的占 15.38%,也就是说从事设计行业 15 年以下的共占 84.62%,与样本年龄基本相符。

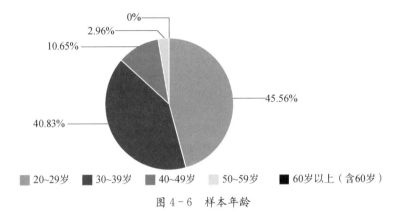

图 4-6 样本年龄

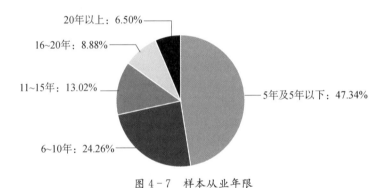

图 4-7 样本从业年限

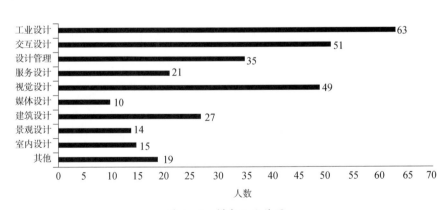

图 4-8 样本从业范围

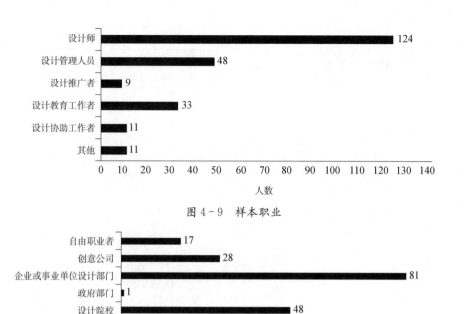

图 4 - 9　样本职业

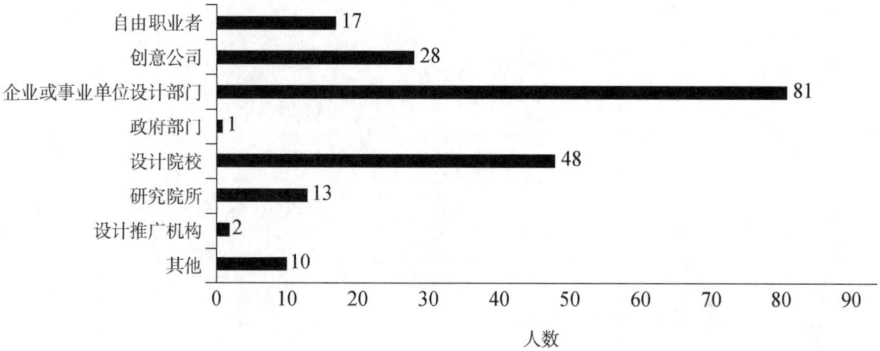

图 4 - 10　样本从业单位

　　从职业和单位上来看,52.54%为设计师,20.34%为设计管理人员,13.98%为设计教育工作者,可以认为从事实务设计工作的占绝大多数。这部分人里,从业单位为企业或事业单位设计部门的占 40.50%,为设计院校的占 24.00%,为创意公司的占 14.00%。这点与英国、加拿大等以自由职业和创意公司为主的设计从业相比大为不同。

4.2.3　信度和效度检验

　　信度分析是为了考察问卷所测量结果内部的一致性程度。本研究采用 Cronbach's α 系数来检测数据信度是否达标,通过 SPSSAU20.0 计算出 Cronbach's α 系数均大于 0.8,且各项校正的项总计相关性(CITC)均大于 0.4,项已删除的 α 系数无明显高于 Cronbach's α 系数,说明分析项之间有良好的相关关系,测量结果信度质量很高,可用于进一步分析。具体数据如表 4 - 10 所示:

表 4 - 10　问卷的 Cronbach 信度检验

可测变量	校正的项总计相关性(CITC)	项已删除的 α 系数	Cronbach's α 系数
A11	0.836	0.878	
A12	0.779	0.896	0.914
A13	0.846	0.873	
A14	0.760	0.905	
A21	0.771	0.865	
A22	0.797	0.854	0.895
A23	0.806	0.850	
A24	0.703	0.889	
A31	0.654	0.883	
A32	0.690	0.879	
A33	0.724	0.875	
A34	0.596	0.89	0.894
A35	0.750	0.872	
A36	0.751	0.872	
A37	0.694	0.879	
A41	0.843	0.905	
A42	0.858	0.900	0.929
A43	0.825	0.911	
A44	0.811	0.915	
A51	0.814	0.887	
A52	0.816	0.887	
A53	0.840	0.882	0.914
A54	0.826	0.885	
A55	0.621	0.929	
A61	0.856	0.937	0.947
A62	0.894	0.924	

（续表）

可测变量	校正的项总计相关性(CITC)	项已删除的 α 系数	Cronbach's α 系数
A63	0.907	0.92	
A64	0.840	0.941	

结构效度是指测量工具反映概念和命题的内部结构的程度。本研究采用 KMO 和 Bartlett 的检验与验证性因子分析(CFA)对 6 个潜在变量以及 28 个可测变量的结构效度进行考评。通过 SPSSAU20.0 计算出 KMO 值为 0.949，大于 0.9，说明数据具有效度，适用于因子分析，潜在变量与可测变量的因子载荷系数皆大于 0.7，说明两者有着较强的相关关系。

具体数据如表 4-11 和表 4-12 所示：

表 4-11　KMO 和 Bartlett 球形度检验

KMO 值		0.949
Bartlett 球形度检验	近似卡方	4 804.117
	df	378
	p 值	0.000

表 4-12　因子载荷系数表

潜在变量	可测变量	非标准载荷系数	标准误差	z	p	标准载荷系数
从业人员对设计系统的期望	A11	1.000	—	—	—	0.902
	A12	0.944	0.064	14.769	0	0.829
	A13	1.019	0.061	16.622	0	0.878
	A14	1.018	0.072	14.086	0	0.809
从业人员对设计系统质量的感知	A21	1.000	—	—	—	0.850
	A22	1.068	0.078	13.722	0	0.841
	A23	1.128	0.081	14.006	0	0.852
	A24	0.982	0.082	11.914	0	0.770

（续表）

潜在变量	可测变量	非标准载荷系数	标准误差	z	p	标准载荷系数
从业人员对设计系统效果的感知	A31	1.000	—	—	—	0.639
	A32	1.076	0.139	7.719	0	0.676
	A33	1.042	0.129	8.106	0	0.718
	A34	0.972	0.131	7.402	0	0.643
	A35	1.264	0.140	9.018	0	0.823
	A36	1.298	0.141	9.215	0	0.848
	A37	1.231	0.138	8.945	0	0.815
从业人员满意度	A41	1.000	—	—	—	0.891
	A42	1.026	0.059	17.479	0	0.895
	A43	1.015	0.061	16.569	0	0.874
	A44	0.937	0.061	15.326	0	0.843
从业人员对设计系统各环节的抱怨	A51	1.000	—	—	—	0.875
	A52	0.993	0.065	15.386	0	0.864
	A53	1.002	0.064	15.765	0	0.875
	A54	0.977	0.063	15.426	0	0.865
	A55	0.859	0.082	10.505	0	0.688
从业人员对设计系统各环节的认可和支持	A61	1.000	—	—	—	0.889
	A62	1.102	0.057	19.375	0	0.932
	A63	1.188	0.060	19.688	0	0.938
	A64	1.081	0.066	16.333	0	0.867

4.2.4 结构方程检验

本研究依托 SEM 结构方程计量分析方法对该模型进行验证。利用 SPSSAU20.0对问卷数据进行处理，得到模型的整体配适度检验结果（见表 4 - 13），从表中可以看出模型与问卷数据的总体拟合情况较好。

表 4 – 13　模拟拟合指标

指标	卡方自由度比 χ^2/df	RMSEA	RMR	CFI	NFI	NNFI	SRMR	TLI	IFI
判断标准	<3	<0.10	<0.05	>0.9	>0.9	>0.9	<0.1	>0.9	>0.9
值	2.844	0.104	0.086	0.868	0.812	0.811	0.071	0.854	0.869
拟合表现	理想	接近	接近	接近	接近	接近	理想	接近	接近

通过结构方程分析,既可以测量各变量内部结构,也可以测量各变量之间的影响关系,由此对之前的模型假设进行验证:

H1:测量对设计系统的期望对于对设计系统质量的感知的影响时,标准化路径系数值为 0.803>0,并且此路径呈现出 0.01 水平的显著性($z=11.127$,$p=0.000<0.01$),因而说明对设计系统的期望会对从业人员对设计系统质量的感知产生显著的正向影响关系。

H2:测量对设计系统的期望对于对设计系统效果的感知的影响时,标准化路径系数值为 0.301>0,并且此路径呈现出 0.01 水平的显著性($z=2.960$,$p=0.003<0.01$),因而说明对设计系统的期望会对从业人员对设计系统效果的感知产生显著的正向影响关系。

H3:测量对设计系统的期望对于从业人员满意度的影响时,此路径并没有呈现出显著性($z=1.824$,$p=0.068>0.05$),因而说明对设计系统的期望对从业人员满意度并不会产生影响。

H4:测量对设计系统质量的感知对设计系统效果的感知的影响时,标准化路径系数值为 0.612>0,并且此路径呈现出 0.01 水平的显著性($z=5.234$,$p=0.000<0.01$),因而说明对设计系统质量的感知会对从业人员对设计系统效果的感知产生显著的正向影响关系。

H5:测量对设计系统效果的感知对于从业人员满意度的影响时,标准化路径系数值为 0.503>0,并且此路径呈现出 0.01 水平的显著性($z=4.612$,$p=0.000<0.01$),因而说明对设计系统效果的感知会对从业人员满意度产生显著的正向影响关系。

H6：测量对设计系统质量的感知对于从业人员满意度的影响时，标准化路径系数值为 0.339＞0，并且此路径呈现出 0.01 水平的显著性（$z=3.321, p=0.001＜0.01$），因而说明对设计系统质量的感知会对从业人员满意度产生显著的正向影响关系。

H7：测量从业人员满意度对于从业人员对设计系统各环节的抱怨的影响时，标准化路径系数值为 0.857＞0，并且此路径呈现出 0.01 水平的显著性（$z=12.585, p=0.000＜0.01$），因而说明从业人员满意度会对从业人员对设计系统各环节的抱怨产生显著的正向影响关系。

H8：测量从业人员满意度对于从业人员对设计系统各环节的认可和支持的影响时，标准化路径系数值为 0.856＞0，并且此路径呈现出 0.01 水平的显著性（$z=6.972, p=0.000＜0.01$），因而说明从业人员满意度会对从业人员对设计系统各环节的认可和支持产生显著的正向影响关系。

H9：测量从业人员对设计系统各环节的抱怨对于对设计系统各环节的认可和支持的影响时，此路径并没有呈现出显著性（$z=-0.262, p=0.793＞0.05$），因而说明对设计系统各环节的抱怨对从业人员对设计系统各环节的认可和支持并不会产生影响。

根据该结果对原模型进行修正，将没有呈现显著性的路径删去，得到的修正后的模型如图 4-11 所示：

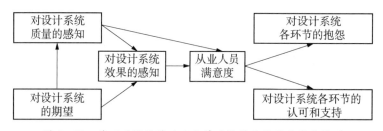

图 4-11 修正后的设计从业人员对设计系统的满意度模型

删去 H3、H9 的假设，将修正后的模型假设重新整理后罗列如下：

H1：从业人员对设计系统的期望对从业人员对设计系统质量的感知有正向的路径影响；

H2：从业人员对设计系统的期望对从业人员对设计系统效果的感知有正向的

路径影响；

H3：从业人员对设计系统质量的感知对从业人员对设计系统效果的感知有正向的路径影响；

H4：从业人员对设计系统效果的感知对从业人员满意度有正向的路径影响；

H5：从业人员对设计系统质量的感知对从业人员满意度有正向的路径影响；

H6：从业人员满意度对从业人员对设计系统运行的各个环节的抱怨有正向的路径影响；

H7：从业人员满意度对从业人员对设计系统运行的各个环节的认可和支持程度有正向的路径影响。

通过结构方程分析，对模型假设重新进行验证：

H1：测量对设计系统的期望对从业人员对设计系统质量的感知的影响时，标准化路径系数值为 $0.812 > 0$，并且此路径呈现出 0.01 水平的显著性（$z = 11.291$，$p = 0.000 < 0.01$），因而说明对设计系统的期望会对从业人员对设计系统质量的感知产生显著的正向影响关系。

H2：测量对设计系统的期望对于从业人员对设计系统效果的感知的影响时，标准化路径系数值为 $0.321 > 0$，并且此路径呈现出 0.01 水平的显著性（$z = 3.092$，$p = 0.002 < 0.01$），因而说明对设计系统的期望会对从业人员对设计系统效果的感知产生显著的正向影响关系。

H3：测量对设计系统质量的感知对于对设计系统效果的感知的影响时，标准化路径系数值为 $0.594 > 0$，并且此路径呈现出 0.01 水平的显著性（$z = 5.062$，$p = 0.000 < 0.01$），因而说明对设计系统质量的感知会对从业人员对设计系统效果的感知产生显著的正向影响关系。

H4：测量对设计系统效果的感知对于从业人员满意度的影响时，标准化路径系数值为 $0.560 > 0$，并且此路径呈现出 0.01 水平的显著性（$z = 5.103$，$p = 0.000 < 0.01$），因而说明对设计系统效果的感知会对从业人员满意度产生显著的正向影响关系。

H5：测量对设计系统质量的感知对于从业人员满意度的影响时，标准化路径系数值为 $0.410 > 0$，并且此路径呈现出 0.01 水平的显著性（$z = 4.209$，$p = $

0.000<0.01),因而说明对设计系统质量的感知会对从业人员满意度产生显著的正向影响关系。

H6:测量从业人员满意度对于从业人员对设计系统各环节的抱怨的影响时,标准化路径系数值为 0.857>0,并且此路径呈现出 0.01 水平的显著性($z=$ 12.601,$p=0.000<0.01$),因而说明从业人员满意度会对从业人员对设计系统各环节的抱怨产生显著的正向影响关系。

H7:测量从业人员满意度对于从业人员对设计系统各环节的认可和支持的影响时,标准化路径系数值为 0.829>0,并且此路径呈现出 0.01 水平的显著性($z=$ 12.428,$p=0.000<0.01$),因而说明从业人员满意度会对从业人员对设计系统各环节的认可和支持产生显著的正向影响关系。

对删掉不显著假设的模型进行整体配适度检验,结果如表 4-14 所示,可以看出修正后的模型与问卷数据的总体拟合情况并不理想,接下来将通过修正指数 MI 来对模型进行进一步修正。

表 4-14 模型修正后的模拟拟合指标

指标	卡方自由度比 χ^2/df	SRMR	RMSEA	CFI	TLI	IFI
判断标准	<3	<0.1	<0.10	>0.9	>0.9	>0.9
值	2.824	0.071	0.104	0.869	0.855	0.870
拟合表现	理想	理想	接近	不理想	不理想	不理想

利用 AMOS 软件对模型进行分析可以得到残差项之间的修正指数 MI,依次添加当前 MI 值最大的残差相关路径进行修正。模型一共经过了七次修正,如表 4-15 所示。

表 4-15 模型修正过程

修正次数	添加路径			MI 值
第一次修正	e52	<-->	e51	54.25
第二次修正	e31	<-->	e32	41.968

（续表）

修正次数	添加路径			MI 值
第三次修正	e32	<-->	e33	25.133
第四次修正	e41	<-->	e42	15.845
第五次修正	e21	<-->	e24	15.130
第六次修正	e34	<-->	e37	14.139
第七次修正	e35	<-->	e36	10.313

每一次修正后的配适度检验结果如表 4-16 所示。

表 4-16　修正后的配适度检验表

	指标	卡方自由度比 χ^2/df	RMSEA	CFI	TLI	IFI
	判断标准	<3	<0.100	>0.900	>0.900	>0.900
修正次序	1　值	2.61	0.098	0.883	0.871	0.884
	2　值	2.48	0.094	0.893	0.882	0.894
	3　值	2.41	0.086	0.899	0.888	0.900
	4　值	2.36	0.090	0.902	0.891	0.903
	5　值	2.31	0.088	0.907	0.896	0.908
	6　值	2.26	0.087	0.910	0.899	0.911
	7　值	2.23	0.086	0.913	0.902	0.913
	最终拟合表现	理想	理想	理想	理想	理想

最终得到的满意度模型及标准化参数如图 4-12 所示。

分析结构方程的变量,可以看出:①从业人员满意度对从业人员对设计系统各环节的抱怨的影响最显著,②从业人员满意度对从业人员对设计系统各环节的认可和支持影响显著,③从业人员对设计系统的期望对从业人员对设计系统质量的感知影响显著,④从业人员对设计系统效果的感知对从业人员满意度的影响较为显著,⑤从业人员对设计系统质量的感知对从业人员对设计系统效果的感知的影响一般显著,⑥从业人员对设计系统的期望对从业人员对设计系统效果的感知影响不太显著,⑦从业人员对设计系统质量的感知对从业人员满意度的影响最不显著。

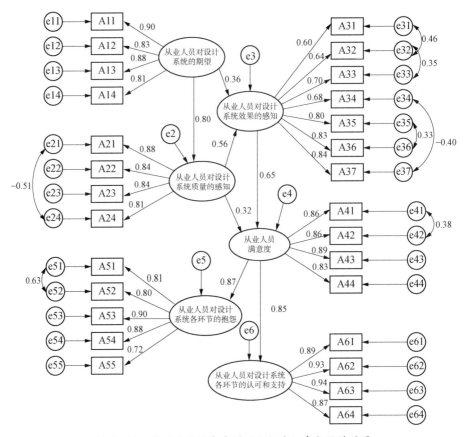

图 4 - 12　修正后的满意度模型及标准化参数估计结果

根据变量间的影响程度,按照从大到小的顺序排列,得到图 4 - 13。

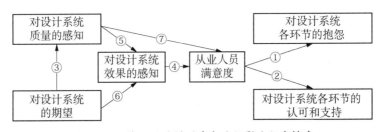

图 4 - 13　修正后的模型基本路径影响程度排序

同时在小项里可以看出,A21、A24,A31、A32,A32、A33,A34、A37,A35、A36,A41、A42,A51、A52 选项相关性显著。对应模型变量表来看,A21(设计系统

发展合理全面)与 A24(设计系统能够灵活应对技术变革)相互影响,A31(配套的法律法规完善)与 A32(政府宏观管理效率较高)相互影响,A32(政府宏观管理效率较高)与 A33(设计促进措施丰富)相互影响,A34(设计教育满足产业需求)与 A37(设计系统推动了行业的发展)相互影响,A35(设计系统提升了设计影响力)与 A36(设计系统加速了知识流通)相互影响,A41(您对设计系统的总体满意度高)与 A42(您对设计系统的总体信任度高)相互影响,A51(政策措施落实到位)和 A52(制度保障和促进措施完善)相互影响。可以看出这些小项大部分集中在宏观政策管理上。

4.2.5　满意度调查结果分析

上文对满意度模型进行了验证,从结果可看出,模型潜变量的指标可靠性较高,模型得以验证,体现了较好的稳定性和一致性,支持了假设。以下将对调研结果进行分析。由于本研究采用五级李克特量表,所以设定满分为 5 分,以下均以 5 分制来衡量。表 4-17 至表 4-22 为各变量的描述性统计结果。

1) 对设计系统的期望

表 4-17　对设计系统的期望的描述性统计

	高期望水平	一般期望水平	低期望水平	平均值	标准差
A11 符合社会发展规律	43.20%	34.91%	21.89%	3.2723	1.070025
A12 符合经济发展规律	46.74%	27.81%	25.44%	3.2541	1.098760
A13 符合设计产业发展规律	37.87%	37.28%	24.86%	3.1718	1.120219
A14 符合个人发展需求	28.99%	32.54%	38.46%	2.8695	1.214021

样本对设计系统的整体期望一般,其中社会层面高期望水平相对较多,但整体仍然只有 3.1~3.3 的期望水平,对个人发展需求的期望水平仅有 2.87,属于偏低期望水平,说明设计从业人员自我认知相对独立,对系统依赖偏低。

2）对设计系统质量的感知

表4-18　对设计系统质量的感知的描述性统计

	高质量感知	一般质量感知	低质量感知	平均值	标准差
A21 设计系统发展合理全面	18.34%	39.05%	42.60%	2.674 3	0.982 295
A22 设计系统能够满足创新需求	15.98%	35.50%	48.52%	2.556 3	1.059 637
A23 设计系统具有可靠性	30.18%	39.64%	30.18%	2.946 7	1.105 468
A24 设计系统能够灵活应对技术变革	24.26%	37.87%	37.87%	2.769 2	1.065 801

样本对设计系统质量的感知偏低，均值全部在3以下，对设计系统满足创新需求这一项的低质量感知尤其偏多，接近50%，说明样本对设计系统质量的感知体验较低，对设计系统质量较为不满。

3）对设计系统效果的感知

表4-19　对设计系统效果的感知的描述性统计

	高效果感知	一般效果感知	低效果感知	平均值	标准差
A31 配套的法律法规完善	18.35%	34.32%	47.34%	2.544 7	1.140 899
A32 政府宏观管理效率较高	21.31%	31.95%	46.75%	2.568 4	1.160 337
A33 设计促进措施丰富	24.26%	34.32%	41.42%	2.733 7	1.057 537
A34 设计教育满足产业需求	18.35%	33.14%	48.52%	2.574 4	1.102 328
A35 设计系统提升了设计影响力	39.64%	29.59%	30.77%	3.047 3	1.118 956
A36 设计系统加速了知识流通	43.79%	30.77%	25.44%	3.177 6	1.116 539
A37 设计系统推动了行业的发展	44.97%	29.59%	25.44%	3.242 6	1.101 429

样本对设计系统效果的感知整体一般,在提升设计影响力、加速知识流通、推动行业发展三方面的均分超过了 3,但在配套法律法规、宏观管理、促进措施、设计教育方面均分不到 3,尤其是法律法规、宏观管理、设计教育三方面的低效果感知比例接近 50%,说明样本对这三方面效果的体验较为不满。

4) 从业人员满意度

表 4-20　对设计系统整体满意度的描述性统计

	高满意程度	一般满意程度	低满意程度	平均值	标准差
A41 您对设计系统的总体满意度高	20.71%	41.42%	37.87%	2.733 7	1.005 974
A42 您对设计系统的总体信任度高	24.85%	38.46%	36.68%	2.804 5	1.027 761
A43 您认为设计系统有助于促进行业发展	31.36%	35.50%	33.14%	2.928 9	1.040 983
A44 您对我国设计系统的期望与实际发展比较相符	12.43%	44.38%	43.19%	2.550 4	0.996 524

样本对设计系统整体满意度的平均值均不到 3,说明整体满意度偏低,其中对设计系统的期望与实际发展比较相符的满意度只有 2.550 4,集中在一般满意程度和低满意程度,说明样本对我国设计系统未能达到预期而感到失望。

5) 对设计系统各环节运行的抱怨

表 4-21　对设计系统各环节运行的抱怨的描述性统计

	低抱怨水平	一般抱怨水平	高抱怨水平	平均值	标准差
A51 政策措施落实到位	22.49%	41.42%	36.10%	2.757 7	1.012 004
A52 制度保障和促进措施完善	18.34%	36.69%	44.97%	2.639 0	1.017 487
A53 设计系统内各组织合作良好	18.35%	39.05%	42.61%	2.615 7	1.014 839

（续表）

	低抱怨水平	一般抱怨水平	高抱怨水平	平均值	标准差
A54 设计系统运转无碍	15.98%	42.01%	42.01%	2.591 8	0.999 586
A55 设计系统有利于从业人员参与行业组织建设	36.68%	34.32%	28.99%	3.041 1	1.105 842

样本对设计系统各环节运行的抱怨程度偏高,其中对设计系统有利于从业人员参与行业组织建设的认可度的均值超过了3,其他均不到3,而在制度、组织合作、系统运转方面依然有超过40%的样本存在高抱怨。这说明主要问题集中在宏观层面的运转机制上,未能让样本感受到设计系统的较好体验。

6) 对设计系统各环节运行的认可与支持

表4-22　对设计系统各环节运行的认可与支持的描述性统计

	高忠诚水平	一般忠诚水平	低忠诚水平	平均值	标准差
A61 设计系统符合国家发展和公共利益	49.11%	30.77%	20.12%	3.337 2	1.070 746
A62 设计系统使行业更有活力	40.83%	28.99%	30.18%	3.106 5	1.125 592
A63 设计系统使行业更有影响力	45.56%	24.26%	30.18%	3.183 4	1.204 809
A64 设计系统使个人更有认同感	36.68%	30.18%	33.14%	3.023 5	1.186 485

样本在对设计系统各环节运行的认可与支持上显示了略好的忠诚度,除了个人认同感之外,超过40%的样本都认为设计系统对国家和行业较为有利,符合国家发展和公共利益,但较不能满足个人认同感。

整体而言,设计系统在样本体验中感受偏低,均值在2~3之间徘徊,满意度不高,存在较大改善空间。以从业人员感受来说,集中在政策措施落实、制度保障、系统内运转、个人认同感等方面,期望与现实有较大差距,尤其是系统促进创新的能力不被认可。

4.3　本章小结

本章从两个方面对设计系统综合绩效进行了评估。首先采用横向比较法,利用 DEA 方法将设计系统运转分成两个阶段,对 14 个国家的设计系统进行创新效率评估并进行排序,结果显示我国设计系统第一阶段创新效率较高,第二阶段创新效率垫底。这一方面说明我国前期设计基础设施建设较为完善,设计产业发展规模较好,另一方面说明产业虽然有很大规模,但最终产值偏低,平均效益在国际市场上也偏低。随后利用 DEAP 软件对 DEA 结果进行了有效性分析、规模效应分析以及创新效率的投影分析。结果显示,我国整体产业在以专利为代表的第一阶段表现良好,资源配置较为合理,创新效率较高,前期产业环境投入较多,收效明显,而在第二阶段转化为产值时的收益效率较低,存在资源浪费、冗余,无法得到有效转化等诸多问题,明显还有较大的改进空间。但总体而言,经过合理配置,可以将总产值的创新效率提升 55.11%。

其次利用公众满意度模型对从业人员进行了调查,利用实证研究方法了解我国从业人员对国家设计系统的观点。在数据通过了信度和效度检验后,本研究利用结构方程进行检验,得出潜变量比较可靠。模型经修正后体现出一定的稳定性和一致性,支持了本研究的假设。研究结果显示,从业人员对设计系统的满意度与从业人员对设计系统各环节的抱怨和从业人员对设计系统的忠诚度最密切相关。描述性分析统计结果显示,样本对我国设计系统的体验并不太如人意,均分值都在 2～3 之间,尤其是在政策措施落实、制度保障、系统内运转、个人认同感等方面,存在较大的落差,导致了满意度偏低的结果。

从整体综合绩效评价的角度来说,我国设计系统的绩效水平存在诸多问题,尽管从数据上看整体产业环境并不差,甚至可以说做得较好,但在从业人员满意度上并没有得到相应体现,设计产业的最终收益效率偏低亦和个人认同感不高等原因相关联,可以认为我国设计系统在提升个人创新收益上存在一定缺陷,并且前一阶段的成果并没有传递到从业人员心中,信息落差较大。为了更好地对设计系统进行细分化的研究以提出有针对性的对策,下一章将以系统动力学模型为依据对设计系统内各因素的运转情况进行详尽分析。

第5章 系统动力学视角下的设计系统模型建构

5.1 设计系统模型的构成要素

本章结合设计竞争力研究理论，将设计产业、设计教育、环境和政策均纳入进来，试图通过定量的分析计算，形成更具有可操作性和可实践性的系统模型。

系统在一定环境内对输入的物质、信息通过反馈机制进行处理加工，输出的新的物质、信息又对系统进行调节控制[53]。系统动力学在社会经济中的主要作业是通过认识、检验和仿真预测，选择合适参数进行优化调控，为政策制度提供依据。国家设计系统的运用侧重于其对未来的预测特性，目的为保障设计系统的可持续发展和提升其竞争力。

本研究从系统论和利益相关者角度出发，认为国家设计系统应是一个动态的可持续发展的平衡系统。它包含了设计产业内部的各项要素，以及直接或间接影响设计产业的各项关联要素。政府、高校、企业、培训机构、科研机构、关联产业、产业组织等均会对系统产生影响。为了更清楚地研究其构成要素，本研究参考了设计指数和竞争力理论等方面的研究。

设计系统的形成与许多因素相关，结合前文研究内容，本研究认为设计系统主要有四大系统要素：设计产业、关联环境、设计教育和国家政策（见图5-1）。

根据文献综述可知，波特的竞争优势理论在分析与竞争力相关的系统要素时很常用。为了更好地描述设计系统的内部结构，本研究引入了波特的钻石模型进行分析。其钻石模型给定了竞争力的六大要素，其中：生产要素和企业要素均直接作用于产业，可归结为设计产业要素；需求条件指国内对产业的需求，其与相关

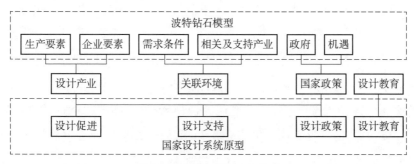

图 5-1　设计系统四大要素

及支持产业一起作为关联环境;政府与机遇要素并为国家政策一项。但钻石模型偏向产业竞争力,在对组织架构和其他影响因素上的分析较为欠缺,因此同时参考了墨菲提出的国家设计系统模型。为了和本研究提出的设计系统模型进行区分,笔者将墨菲模型称为"国家设计系统原型"。国家设计系统原型在作为政策工具时对设计教育、设计支持方面着墨颇多,但在这一原型中,对设计促进、设计支持、设计政策的划分并不清晰,设计支持偏向产业,设计促进偏向公益。设计支持单从命名上来说较难区分,因此将其统一划归到设计产业和国家政策两要素中;设计教育作为设计系统的重要组成部分,承担了教育培育人才及提升设计影响力的重要作用,需要单独列出。具体内容如图 5-1 所示。

5.2　系统动力学视角下的设计系统模型建构

5.2.1　设计系统模型总体结构

设计系统的系统动力学模型在构建过程中需要具有系统性和整体性,子系统之间具有关联性,系统变量对应社会要素,且子系统各要素呈现动态非线性的相互作用关系。该系统动力学模型主要是为了解决以下几个问题:

(1)研究系统构成,描述设计环境现状,评估系统优势;

(2)制定指标草案,方便对设计系统进行资料收集,用于检测设计系统发展状况;

（3）对长期发展趋势做出一定预测，供政策制定者及利益相关者参考，为未来类似指标研究提供参考。

设计作为生产性服务业，以创新产品为主要生产对象，以生产创新产品的企业为主要服务对象，其参与社会经济发展的路径如图5-2所示。社会文化发展促进市场需求，形成企业创新动力，企业继而增加创新投入，亦即通过设计增加产品附加值，通过新产品销售收入获得更多企业利润，整体促进产业的创新发展，产业发展良好则能促进宏观经济发展，最终亦促进社会文化发展，形成闭环。

设计产业的一般作用机制主要集中在响应市场需求和企业创新需求，创造新产品，促进销售和获取利润上。设计系统的一般作用机制则是从提升社会文化开始循环。

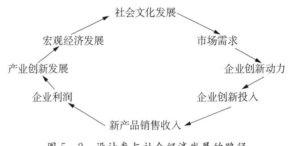

图5-2　设计参与社会经济发展的路径

根据前文研究，设计系统由设计产业子系统、设计教育子系统、关联环境子系统和政府政策子系统构成。这四大子系统相互作用、相互影响、相互制约，反映了整个设计系统的运行和发展特征。

从整个设计系统来说，四个子系统的关系可简化为如图5-3所示。参考波特的竞争优势理论，这四个子系统之间亦存在强作用联系和弱作用联系。比如在我国，政府政策对设计教育、关联环境、设计产业主要是单向的强作用联系，通过创新政策、科教投资、产业扶持等直接作用于关联环境、设计教育、设计产业子系统，促进三者的发展。关联环境和设计产业之间是相互促进的强作用联系，关联环境通过用户需求、关联产业直接影响设计产业的发展状况，设计产业又通过设计服务作用于关联产业，实现产品创新、促进生产、提升收益等目的，从而促进整体国民经济和社会文化的发展。设计教育和设计产业之间是强作用联系，这是因为设计教育和设计产业的关系非常密切,设计教育输出专业人才和设计理念,成为设计产业发展的核心力量,即人力资源,设计产业同时也会和设计教育发生产学研的联系。设计教育和关联环境之间是弱作用联系,主要是在设计教育影响力、少量产学研合作方面会有相互影响关系。

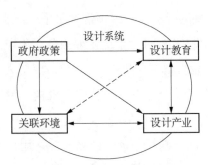

图 5-3　设计系统子系统作用关系图

其整体因果关系如图 5-4 所示。

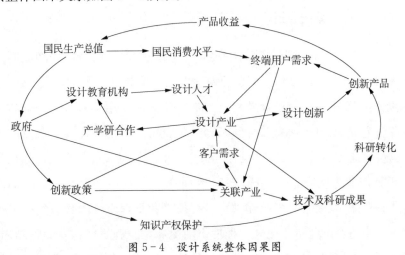

图 5-4　设计系统整体因果图

在这一系统的因果图里,几个主要的反馈回路为:

回路 1:政府→设计教育机构→设计人才→设计产业→设计创新→创新产品→产品收益→国民生产总值→政府。这主要反映的是通过政府对教育产生影响继而影响设计直接参与创新并反馈到国民经济的回路。

回路 2:政府→创新政策→知识产权保护→技术及科研成果→科研转化→创

新产品→产品收益→国民生产总值→政府。这主要反映的是政府措施对设计创新能力的影响,通过创新政策和知识产权保护促进科研转化,提升创新产品收益,并反馈到国民经济的回路。

回路3:关联产业→客户需求→设计产业→技术及科研成果→科研转化→创新产品→产品收益→国民生产总值→国民消费水平→终端用户需求→关联产业。这主要反映的是关联产业作为设计产业的主要服务对象,参与设计系统运转,通过设计创新提升产品收益,发掘终端用户需求,并反馈到关联产业的正反馈回路。

回路4:设计产业→产学研合作→设计教育机构→设计人才→设计产业。这主要反映的是设计产学研紧密合作的回路关系。

回路5:设计产业→设计创新→创新产品→终端用户需求→设计产业。这主要反映的是设计产业作为创新需求的发现者和挖掘者,和终端用户保持了最紧密的联系,其自身亦产出创新产品。

5.2.2 设计产业子系统分析

产业是介于宏观和微观之间的中观经济学概念,产业的性质和功能制约着企业的性质和功能,产业的整体运行状况对企业的发展起支配作用;产业属于宏观经济,直接影响到经济发展。产业是系统在商品市场上的实体,设计产业通常是指以先进装备制造设计、电子信息、时尚娱乐与服装设计、包装设计等为重点的工业设计和以建筑设计、规划设计、园艺设计等为重点的建筑景观设计以及广告设计产业等[34]。设计产业为制造业、电子信息业、工业、建筑业、城市设计业的附加值提供了更多产业支撑,是为第二产业提供全过程技术和管理服务的智力型技术密集行业。设计产业随着产业专业化分工程度不断提高,其核心价值是创新,利用工程、管理、信息科学等专业知识或技能进行各类设计活动,其高知识、高技术含量具备了典型的知识经济产业特征。具体而言,设计产业主要通过设计师的知识和技术,提升产品附加价值,从而提振市场信心。

设计产业是设计系统的核心要素,包含了微观层面的企业实力和中观层面的产业系统两大方面。企业实力是产业发展的根本源泉,也是决定产业竞争力的核心力量。产业系统给企业提供了完整的产业组织体系,是产业价值链得以形成的要素基础,能保障产业有效运行。企业经营生产,提升产品实力,推动相关产业发展;产业系统合理组织,通过产业集群效应及产业资源配置等提升产能,优化竞争,提升效益。这两个方面联合作用形成核心竞争力,作用于系统层面。设计产业要素构成如图 5-5 所示。

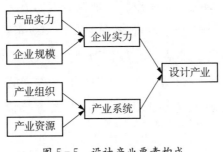

图 5-5　设计产业要素构成

对设计产业来说,其产品是指运用创造力并结合需求进行创新生产的产品,其产品实力是指运用这种创新能力在市场竞争中所表现出来的综合能力,反映了产品满足社会需要的特性。产品是设计产业参与国际竞争的载体和前提,也是各主体比较的对象。设计产业作为重要的服务性产业,其产品可以是具体的设计作品,也可以是设计服务,尤其是在设计作为创新引擎逐渐发挥更大作用的现在,设计流程与诸多创新紧密结合,早已不再是简单的工艺美术装饰。具体而言,如图 5-6所示,以产品(或服务)为核心的设计生产流程,明确了设计企业在设计流程的每一步中可以进行的诸多工作,设计产品(或服务)可以从各个方面进行考量。

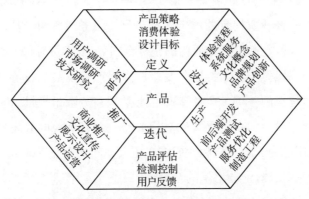

图 5-6　以产品为核心的设计生产流程

作为推动产业发展的微观主体,企业规模则是影响产业发展的关键。企业规模越大,其资金、技术和人才优势越突出。与产品分类相似,设计从业者通常会以两种形式进入企业,一种是专门从事设计服务业务的公司,这种公司通常对接的产业较广,不直接从事生产;另一种是企业里的设计部门,与企业研发部门一起参与创新,与生产联系紧密,直接从事生产。在现在的市场情况下,前者为了适应灵活多变的市场需求通常为中小型企业,如建筑设计公司少至数人,多至千人,工业设计公司规模一般在几十至几百人,均不属于大型企业;后者依附大型企业,受企业规模和生产效率制约较大。产品实力是企业生存和发展的前提,企业规模则是发展水平的重要表征,反映了实力和竞争能力,两者一起构成了微观级别的企业实力。

产业层面上,产业组织是指设计产业内部企业间的动态组合方式以及竞争或合作的关系结构。运转良好的产业组织保证了设计产业的发展质量,有助于提高企业的生产效率和资源配置效率。具体来说,设计产业是一个非常明显地具有集聚效应的产业,许多企业集聚在园区,并且受创新政策影响较大。费尔德曼认为,从事创意工作的企业在地理上的毗邻不仅有助于交流创意和新知识,还有利于充分利用外部知识减少创新发现和商业化成本,他建议创意企业应向具有成功创新经历的城市集聚[131]。设计产业的服务性特征,决定了其需要贴近相应的生产基地,如珠三角发达的家电产业带领起大批工业设计园区,设计创新园区日益成为产业聚集的重要载体[132]。与此同时,由企业家们自发组织或者由政府组织的行业联盟,影响并管理着产业内部的相关企业。

产业资源是指产业所拥有的用于生产产品或服务的资源,以设计产业这种高技术、高知识含量的产业来说,主要指的是资金资源、人力资源、知识资源和技术资源等波特认为的高级竞争要素。这些高级要素是产业发展的核心资源,也是产业获取和提高竞争优势的关键。产业资源的水平既在于数量规模,也在于资源素质的提升效果。通过参与创新流程实现对相关产业现有资源的开发和利用,不仅能推动产品创新,还能为产业增值和发展带来更大空间。产业资源和产业组织结合,形成中观设计产业系统,产业组织的合理性保障了设计产业系统的运营,产业资源的优化整合是产业组织的基本条件,产业系统与微观层面的企业实力共同作用,形成设计产业子系统。

根据以上分析，设计产业子系统的因果图如图5-7所示。

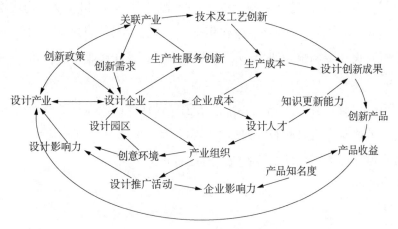

图5-7 设计产业子系统因果图

在图5-7中，设计企业成为因果链的核心。其主要反馈回路为：

回路1：设计企业→企业成本→设计人才→知识更新能力→设计创新成果→创新产品→产品收益→设计产业。这一回路反映的是设计企业作为个体直接参与设计创新，由人力资源（设计人才）创造创新产品，并通过产品收益增加整个产业产值的正反馈回路。

回路2：设计企业→生产性服务创新→关联产业→技术及工艺创新→设计创新成果→创新产品→产品收益→设计产业。这一回路反映的是设计作为生产性服务业协助关联产业进行技术及工艺创新，最终产出创新产品并提升收益，增加产业产值的正反馈回路。

回路3：设计人才→产业组织→创意环境→设计园区→设计企业→设计产业。这一回路反映的是设计人才与产业之间的有机关系。在我国，设计产业的显著特征之一就是以创意园区为主要聚集点，具有较显著的集聚特征，设计人才与产业组织共同塑造了这样的创意环境，能够影响设计园区和设计企业，并最终影响设计产业。

回路4：产业组织→设计推广活动→设计影响力→设计产业。这一回路反映的是产业发展的软实力路径,通过活动等提高设计影响力,提高设计产业知名度,间接提升设计产业发展。

对设计产业子系统进行结构化设计(SD)流图处理,以相关变量构成指标后,可得图5-8。其中有五个速率变量作用于水平常量,分别是设计产业总产值、关联产业总产值、设计专利数、发明及实用新型专利数和设计从业人数。其他为辅助变量或常量。

这其中,设计产业总产值主要来源于创新设计产品收益和关联产业R&D投入,设计产业影响力也对此有间接影响。由设计专利数 ∗ 专利转化率=创新设计产品数,可推导出创新设计产品收益。其他为间接影响。

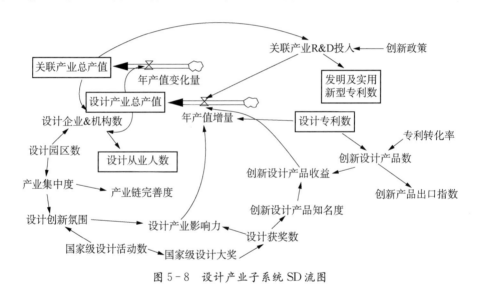

图5-8 设计产业子系统SD流图

5.2.3 设计教育子系统分析

设计教育子系统培育并提供人力资源。人力资源是体现在劳动力、技能和知识方面的生产财富,也是系统得以良性发展的决定力量。如果从创新是知识生成、扩散和利用的角度来说,人力资源无疑是设计系统最为重要的主体,承担了传递知识、扩散新技术、刺激创新、整合链条的作用。动态的人力资源又代表融合到行业内的知识和理念,它不同于单纯的学校教育。其要素构成如图5-9所示。

图 5-9　设计教育要素构成

　　设计教育子系统与设计系统的可持续发展密不可分。教育机构在这里指的是跟设计人才培育相关的教育研究机构,包括大学及其附属研发机构以及由教育系统和技术培训系统组成的技术培训机构,这些机构除了承担设计技能的培训之外,也承担了重要的设计研究工作,成为设计系统未来发展的重要储备。专业人才指在设计系统内从事专业工作的人,他们承担了开发、利用、管理系统资源以满足需求的工作。专业人才和教育机构一起构成了设计教育子系统,承担设计知识的培育、储存职能,一起作为设计系统的可持续发展动力,协助设计系统运转。

　　根据以上分析,得出设计教育子系统因果图,如图 5-10 所示。

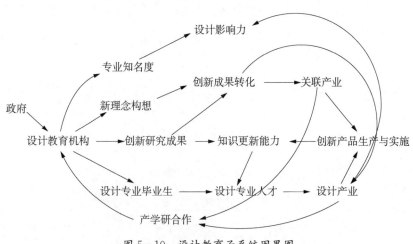

图 5-10　设计教育子系统因果图

　　设计教育子系统中,设计教育机构为核心,其主要反馈回路为:

　　回路 1:设计教育机构→设计专业毕业生→设计专业人才→设计产业→产学研合作→设计教育机构。这反映的是设计教育机构作为人力资源的主要培训者为设计系统提供人才的反馈回路。

回路 2：设计教育机构→创新研究成果→知识更新能力→设计专业人才→设计产业→产学研合作→设计教育机构。这反映的是设计教育机构作为科研和教育机构，以研究带教学，以产学研促进创新研究能力提升的正向反馈回路。

回路 3：设计教育机构→新理念构想→创新成果转化→关联产业→创新产品生产与实施。这反映的是设计教育机构作为前端研究机构通过创新成果转化助力关联产业，实现创新产品生产与实施的反馈回路。

回路 4：设计教育机构→专业知名度→设计影响力。这反映的是设计教育机构通过教育的专业影响力对设计影响力的间接影响。

对设计教育子系统因果图进行 SD 流图处理，以相关变量构成指标后，可得图 5-11。其中有五个速率变量作用于水平常量，分别是设计产业总产值、关联产业总产值、注册专利数、设计从业人数和 GDP。其他为辅助变量或常量。

在此 SD 流图中，我国的大多数设计教育机构以政府财政为重要支持收入，因此，受财政拨款的直接影响较大，另外设计产业、关联产业的总产值影响其产学研合作力度，间接影响设计教育机构发展。设计教育机构数影响毕业生人数，设计毕业生人数 ＊ 就业率＝设计从业人数的年增加量，并间接影响设计产业总产值和专利年增长量。设计教育机构的排名也间接影响设计产业的影响力。

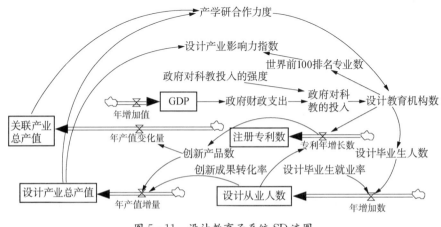

图 5-11　设计教育子系统 SD 流图

5.2.4 关联环境子系统分析

任何能够运转良好的系统都是一个有机的动态系统,设计系统作为创新系统中的一部分,离不开宏观层面的环境,这包含了宏观经济条件、社会文化条件,同时设计产业作为服务业,离不开其服务的关联产业的发展,这三大要素构成了设计系统的需求环境系统,为设计系统的运行提供了基础保障(见图5-12)。

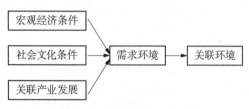

图5-12 关联环境构成要素

宏观经济条件指国家宏观经济对设计系统,尤其是对设计产业的支持作用。社会文化条件是指国家文化软实力发展对设计系统的支持作用。宏观经济条件包括:国民消费倾向与消费结构、消费与投资的比例、劳动力和资本禀赋情况、技术进步及技术结构、国际贸易、产业政策和经济制度等。国内消费结构更早地让本国设计从业者了解国内需求状况和动态。从消费的角度来说,设计促进企业不断自主创新,提升品牌竞争优势,提高产品价值,引发消费欲望,但最终需要消费者具有购买能力,才能形成有效购买行为,完成闭环。社会文化条件则是对设计提出更高要求,要求产品创新反映国民需求。由于地理差异影响了思维方式、价值观念、风俗习惯等,因此设计产品或服务不仅需要吸引国内消费者,也需要吸引国际消费者,才有可能推动消费行为,助推整体产业的提升。社会文化条件也影响了人民的创造力、文化的开放和传播水平,这都是影响设计流程及效果的重要因素。

设计服务业对人才资源、技术应用、信息网络、配套服务等高端资源要求较高,同时与需求结构之间存在极强的互动关系。其服务的关联产业发展程度也直接影响设计系统的运转,其竞争优势也直接影响设计产业的竞争优势。设计行业对应的关联产业(部分)如表5-1所示。其中关联产业分类来自中国国家统计局行业分类。

表 5-1　设计行业对应关联产业

设计行业类型	关联产业
建筑设计 规划设计 室内设计	建筑业 零售业 文化艺术、设施服务业
园林景观设计	农林产业 建筑业
工业产品设计	通用设备制造业 专用设备制造业 电气机械及器材制造业 通信设备、计算机及其他电子设备制造业 机械制造业 家具制造业 文化用品制造业 化学制品制造业 橡胶、塑料、金属、非金属矿物制品业 工艺品及其他产品制造业 交通运输设备制造业
平面设计	广告业 广播、电视、电影服务业 新闻出版服务业 文化艺术、设施服务业 住宿、餐饮、旅游产业 零售业
流行时尚设计	服装业 文化用品制造业 住宿、餐饮、旅游产业
展示设计	零售业
交互设计 信息设计	软件业 信息产业 通用设备制造业 专用设备制造业 电气机械及器材制造业 通信设备、计算机及其他电子设备制造业 文化艺术、设施服务业

由表可见,设计基本可认为是由制造业、建筑业、信息产业等产业专业化分工

加深而衍生、分化、独立出来的生产服务型业态。设计生产者对生产服务的消费不是最终消费，而是为了生产并创造更大价值而进行的中间性消费，这是它与一般服务业的最大区别。关联产业的规模大小、研发技术成熟程度、外生的创新机会等因素都会影响设计产业的发展状况。

宏观经济条件、社会文化条件和关联产业一起，合力形成了设计的需求环境，成为设计产业发展的基础。具体来说，前两者通过作用于市场形成重要的需求结构，对设计系统提出要求，也是设计产业发展的源头动力和保障；设计为关联产业价值链中的关键一环，帮助传统产业升级融合，促进产业知识和技术集约化发展，提升产品附加价值，关联产业发展状况是设计能够起到作用并发展壮大的前提条件。

据此分析，得出关联环境子系统的因果关系，如图 5 - 13 所示。

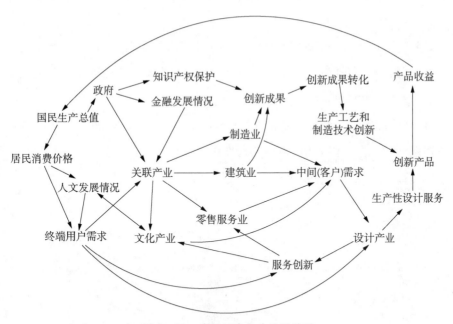

图 5 - 13　关联环境子系统因果图

在关联环境子系统中，主要回路有：

回路 1：关联产业→制造业→中间（客户）需求→设计产业→生产性设计服务→创新产品→产品收益→国民生产总值→居民消费价格→终端用户需求→设计

产业。这一回路反映的是以制造业为主的关联产业与设计产业一起推动创新产品设计,促进产业发展,提升国民生活水平,进一步刺激终端用户需求。在这其中,中间(客户)需求是指在制造产业链中间阶段产生的需求,设计响应这部分需求,通过满足终端用户需求来满足中间(客户)创新需求。

回路2:关联产业→文化产业→中间(客户)需求→设计产业→服务创新→文化产业→人文发展情况→终端用户需求→设计产业。这一回路反映的是关联产业中的文化产业与设计产业的紧密关系,设计通过服务创新等手段促进文化产业发展,文化产业发展与人文发展情况相辅相成,又会对终端用户需求产生正反馈。

回路3:政府→知识产权保护→创新成果→创新成果转化→生产工艺和制造技术创新→创新产品→产品收益→国民生产总值→政府。这一回路反映的是政府通过创新政策促进关联产业创新成果转化,提升创新能力,进而提升国民生产总值的主要方式。

回路4:关联产业→建筑业→中间(客户)需求→设计产业→生产性设计服务→创新产品→产品收益→国民生产总值。这一回路反映的是以建筑业为主的关联产业和设计产业的联动作用。

对设计系统关联环境子系统因果图进行 SD 流图处理,以相关变量构成指标后,可得图 5-14。其中有四个速率变量作用于水平常量,分别是设计产业总产值、关联产业总产值、注册专利数和 GDP。其他为辅助变量或常量。

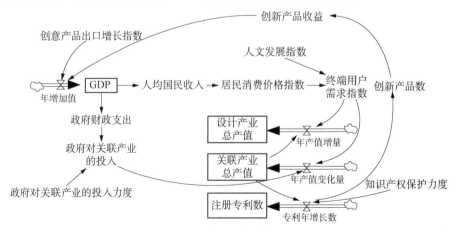

图 5-14 关联环境子系统流图

在此 SD 流图中,终端用户需求指数为核心指标,受 GDP、人均国民收入、居民消费价格指数和人文发展指数影响,最终又会影响设计产业总产值和关联产业总产值。关联产业总产值又影响设计产业总产值和注册专利数。注册专利数 ＊ 专利转化率＝创新产品数,由此可估算创新产品收益,并影响 GDP 年增加值,影响政府财政支出和对关联产业的投入力度。

5.2.5　政府政策子系统分析

政府政策是政府对市场机制的调控手段,也是对国民经济文化生活发展的管理手段。政府是系统发展的宏观规划者和指导者,是通过经济、行政以及法律等手段作用于系统的巨大外部力量。它提供了产业参与国际竞争的制度保障,政府行为可以推动系统发展,也有可能阻碍发展。政府政策要素由政策法规和产业扶持构建而成,其路径如图 5 - 15 所示。

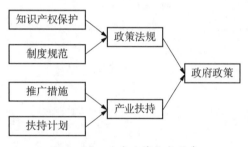

图 5 - 15　政府政策构成要素

政府颁布政策法规是国家在宏观系统层面最直接的行为。政府通过一系列行为科学干预和有力保障系统的良好运转。制度安排和政策干预等政府行为对要素创新模式和产业竞争力起根本作用。这里的政策法规指的是政府为了维护并扶持好系统发展所采取的一系列产业政策、规章制度、法律法规活动。具体来说,政策法规分为:与创新直接相关的知识产权保护,与规范和监管系统中各主体行为相关的制度规范。知识产权保护是设计创新智力和知识资源的重要保障,制度规范是指跟系统各要素相关的法律政策、规范和监督市场的规章制度,比如对设计教育系统的规范性要求和维护市场竞争秩序的相关制度。产业扶持指直接作用于设计产业的相关创新政策,主要通过优化资源配置,保障产业健康发展等行政手段来实现。从设计系统的角度来说,政府行为对其他要素的影响非常强烈(见图 5 - 16)。政策法规和产业扶持作为政府的直接资源条件,间接影响了产业系统、需求环境和人力资源几大要素。政府通过持续不断地合理化市场竞争,完善制度保障来保证系统的运行。

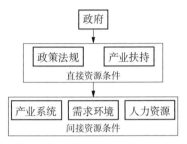

图 5 - 16　政府对其他几个子系统要素的影响

根据以上分析,得出政府政策子系统的因果图,如图 5 - 17 所示。

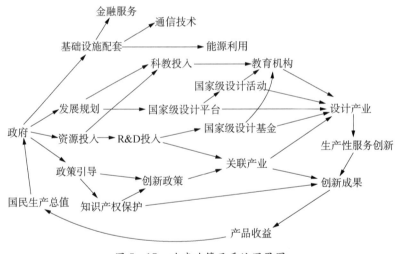

图 5 - 17　政府政策子系统因果图

在政府政策子系统中,主要的几个回路为:

回路 1:政府→发展规划→科教投入→教育机构→设计产业→生产性服务创新→创新成果→产品收益→国民生产总值→政府。这一回路主要反映的是政府从教育角度对设计产业进行扶持,以及设计产业通过将创新成果转化为国民生产总值来反馈于政府。

回路 2：政府→资源投入→R&D 投入→关联产业→创新成果→产品收益→国民生产总值→政府。这一回路主要反映的是政府从资源投入的角度对关联产业进行鼓励,促进关联产业发展,提升整体创新能力,提升国民生产总值。

回路 3：政府→政策引导→知识产权保护→创新成果→产品收益→国民生产总值→政府。这一回路主要反映的是政府通过知识产权保护等法律法规对国家创新能力所起到的引导和促进作用。

回路 4：政府→发展规划→国家级设计平台→国家级设计活动→设计产业。这一回路主要反映的是政府通过活动和组织提升设计影响力,促进设计产业的软实力发展。

回路 5：政府→政策引导→创新政策→关联产业→设计产业。这一回路反映的是政府通过创新政策促进关联产业发展,间接促进设计产业发展。

对政府政策子系统进行 SD 流图处理,以相关变量构成指标后,可得图 5-18。其中有两个速率变量作用于水平常量,分别是 GDP 和注册专利数。其他为辅助变量或常量。

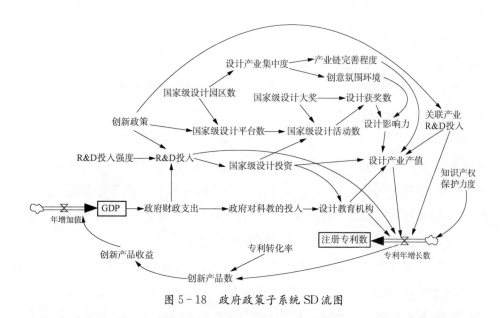

图 5-18　政府政策子系统 SD 流图

这其中,创新政策是个重要指标,影响了 R&D 投入,也影响了国家对设计产业的直接投入(国家级设计投资和设计教育投入)和间接投入(设计影响力投入和关联产业 R&D 投入)。R&D 的投入强度直接影响关联产业 R&D 投入,继而影响注册专利数。知识产权保护力度也会影响注册专利数。

5.3　工业设计系统模型实证检验

我国设计产业起步较晚,但追赶迅速,其中工业设计因为与工业联系紧密,往往被单独列举作为产业化发展的重点研究对象进行分析。黄雪飞对工业设计产业竞争力进行了定义和内涵的整理,认为工业设计产业竞争力是一种比较优势,通过创新产品或设计服务在市场上的份额来体现。其本质是设计创新能力和市场转化能力。它取决于用户对创新产品或服务价值的认可度和制造业对设计服务提供方的肯定[133]。为了验证本系统动力学模型与现实是否相符,本研究以工业设计行业作为代表性的设计行业进行设计系统模型验证。

5.3.1　工业设计系统模型

据世界设计组织(WDO)2015 年的定义,(工业)设计旨在引导创新、促进商业成功及提供更高质量的生活,是一种将策略性解决问题的过程应用于产品、系统、服务及体验的设计活动。整体来说,工业设计产业是与制造业紧密相关的产业(见表 5 - 1)。在我国面向信息化时代,进行产业升级的现在,工业设计作为创新驱动的主要工具正在逐渐为制造业广泛接受。工业设计的主要特征是以产业为主要服务对象,以用户需求驱动设计创新。伴随着新工艺、新科技的革命,制造业正在进行智能化、信息化的全面变革,而其中工业设计起到了非常重要的引领和支撑作用,其通过个性化定制设计、众创设计、"互联网＋设计"等多种产业、新技术的深度融合,成为创新驱动制造业转型升级的重要引擎之一。

因此,本研究在工业设计的设计系统动力学模型里,将制造业视为关联产业,选取可测量的数据对设计系统动力学模型进行了简化,在过程中由于数据可得性及相关性、模型完整性等情况而省去了部分影响力软性指标,如设计产业影响力指数、产学研合作力度等。最终结果如图 5 - 19 所示。

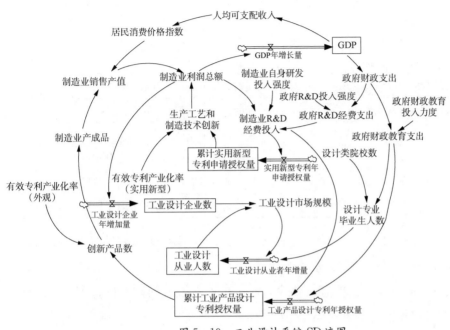

图 5-19　工业设计系统 SD 流图

在此 SD 流图中,模型共设有 5 个状态变量(累计实用新型专利申请授权量、工业设计企业数、工业设计从业人数、累计工业产品设计专利授权量、GDP),6 个常量(制造业自身研发投入强度、政府 R&D 投入强度、政府财政教育投入力度、设计类院校数、有效专利产业化率(外观)、有效专利产业化率(实用新型)),以及 15 个辅助量,如表 5-2 所示。

表 5-2　工业设计系统模型变量表

类型	变量名称	类型	变量名称
状态变量	工业设计企业数	状态变量	工业设计从业人数
状态变量	累积工业产品设计专利授权量	状态变量	累积实用新型专利申请授权量
状态变量	GDP	常量	制造业自身研发投入强度
常量	政府 R&D 投入强度	常量	政府财政教育投入力度
常量	设计类院校数	常量	有效专利产业化率(外观)

(续表)

类型	变量名称	类型	变量名称
常量	有效专利产业化率(实用新型)	辅助变量	制造业销售产值
辅助变量	制造业产成品	辅助变量	创新产品数
辅助变量	政府财政教育支出	辅助变量	制造业利润总额
辅助变量	政府财政支出	辅助变量	人均可支配收入
辅助变量	居民消费价格指数	辅助变量	生产工艺和制造技术创新
辅助变量	工业设计市场规模	辅助变量	工业产品设计专利年授权量
辅助变量	工业设计企业年增加量	辅助变量	实用新型专利年申请授权量
辅助变量	设计专业毕业生人数	辅助变量	工业设计从业者年增量

根据统计局、知识产权局及其他权威报告的统计结果,本研究针对以上变量收集了我国 2013—2018 年的数据(详见附录)。

对模型中的各变量方程通过 SPSS Statistics 25 线性回归分析得到。系统动力学 VENSIM 软件的主要变量方程罗列如下:

(1) GDP＝INTEG(GDP 年增长量,592 963)

(2) GDP 年增长量＝EXP(制造业利润总额 * 4.7e－05＋8.066 83)

(3) 人均可支配收入＝GDP * 0.032－550.547

(4) 创新产品数＝累计工业产品设计专利授权量 * 有效专利产业化率(外观)

(5) 制造业 R&D 经费投入＝制造业自身研发投入强度 * 制造业利润总额＋0.483 * 政府 R&D 经费支出

(6) 制造业产成品＝5 021 * LN(创新产品数)－30 410

(7) 制造业利润总额＝生产工艺和制造技术创新 * (0.004 08 * 制造业销售产值＋583.914)

(8) 制造业销售产值＝2 253.21 * 居民消费价格指数＋9.976 26 * 制造业产成品－830 763

(9) 制造业自身研发投入强度＝0.052

(10) 实用新型专利年申请授权量＝83.292 * 制造业 R&D 经费投入＋10 849.4

（11）居民消费价格指数＝121.703 * LN（人均可支配收入）－599.977

（12）工业产品设计专利年授权量＝EXP（4.5e－05 * 制造业 R&D 经费投入＋2e－06 * 政府财政教育支出＋12.788 7）

（13）工业设计从业人数＝INTEG（工业设计从业者年增量,500 000）

（14）工业设计从业者年增量＝0.005 * LN（工业设计市场规模）* 设计专业毕业生人数

（15）工业设计企业数＝INTEG（工业设计企业年增加量,6 500）

（16）工业设计市场规模＝EXP（工业设计企业数 * 8.563e－06＋工业设计从业人数 * 6.796e－06＋2.691）

（17）工业设计企业年增加量＝190 * LN（制造业利润总额）

（18）政府 R&D 投入强度＝0.084

（19）政府 R&D 经费支出＝政府财政支出 * 政府 R&D 投入强度

（20）政府财政支出＝193 494 * LN（GDP）－2 431 340

（21）政府财政教育投入力度＝0.151

（22）政府财政教育支出＝政府财政教育投入力度 * 政府财政支出

（23）有效专利产业化率（外观）＝0.449

（24）有效专利产业化率（实用新型）＝0.416

（25）生产工艺和制造技术创新＝LN（累计实用新型专利申请授权量 * 有效专利产业化率（实用新型））

（26）累计实用新型专利申请授权量＝INTEG（实用新型专利年申请授权量,686 208）

（27）累计工业产品设计专利授权量＝INTEG（工业产品设计专利年授权量,659 563）

（28）设计专业毕业生人数＝EXP（0.349 * LN（政府财政教育支出）＋2.66）* 设计类院校数

（29）设计类院校数＝1 951

注：有效专利产业化率的取值参考 2015 年到 2018 年的有效外观专利与实用新型专利产业化率的平均值。

5.3.2　模型有效性验证

本研究选取 VENSIM 软件进行仿真实验，VENSIM 软件为系统动力学常用软件，其特征是利用图示化编程构建模型，提供结果分析方法并进行真实性模拟。

首先选取 2013 年到 2018 年的真实数据对模型的有效性进行检验。选取工业产品设计专利年授权量与工业设计产业规模作为输出变量，所得数据如表 5-3 所示，并绘制折线图（见图 5-20 和图 5-21）。

表 5-3　工业设计系统模型模拟结果验证

年份	工业产品设计专利年授权量/件		工业设计产业规模/亿元	
	真实值	模拟值	真实值	模拟值
2013	659 563	543 558	470	466.221
2014	564 555	563 090	569	572.977
2015	569 059	584 257	712	712.368
2016	650 344	607 518	914	897.248
2017	628 658	633 022	1 199	1 146.260
2018	708 799	660 880	1 515	1 486.970

图 5-20　工业设计专利年授权量模拟结果

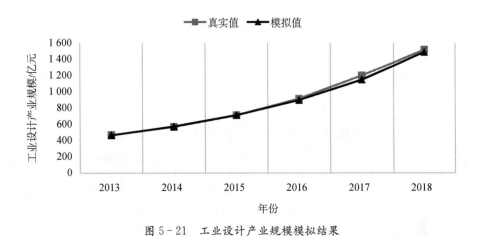

图 5-21　工业设计产业规模模拟结果

利用比较参数仿真结果与真实值而得出的拟合度来说明模型整体拟合程度。计算公式如下所示：

$$R^2 = 1 - \frac{\sum_{i=1}^{n} (X_i - \hat{X}_i)^2}{\sum_{i=1}^{n} (X_i - \overline{X}_i)^2}$$

其中，X_i 为第 i 年的真实值，$\hat{X}_i$ 为第 i 年的模拟值，$\overline{X}_i$ 为 X_i 的均值，n 为仿真的年数。

由此计算出两个输出变量的拟合度分别为 0.96 和 1.00，说明建立的参数仿真模型与真实系统相符程度较高，因此可以用该模型进行模拟仿真实验且实验结果有效。

5.3.3　仿真模拟测试及分析

随后本研究针对上述模型利用 VENSIM 软件进行仿真模拟。根据前文所述，可知在我国对设计系统起到推动作用的是政府（见第三章的设计系统二元动力详述），因此本次仿真以政府输出为主要模拟对象，分别模拟了当政府对 R&D 投入力度提高 5%，政府对教育投入力度提高 5% 时的系统运转结果，并探究这些改变对工业设计市场规模和工业设计专利授权量年增长率的影响。另外，本研究也想探寻市场化创新的结果是否对我国工业设计产业有较大影响，因此，选择专利的有效产业化率作为创新能力的代表，当设定有效专利产业化率提高 10% 时，观察工业设计产业发展结果。除此之外，关联产业对设计的影响较大，因此也选择将工业设计的关联产业的制造业的自身研发投入力度提升 5% 作为一个仿真结果。

仿真起始时间为 2013 年，终止时间为 2022 年，共 10 年，DT＝1YEAR。以下分别对结果进行详述。

1) 提高 5% 的教育支出

从数据上来看(见表 5-4)，提升 5% 的教育支出，对工业设计专利年授权量影响较小，最高有 0.22% 的年提升率，而对工业设计产业规模影响较大，增长率较高，这说明设计教育虽不是工业设计专利的主要产出系统，但对产业规模具有一定的影响，这主要是因为设计教育直接关联产业人力资源，提升 5% 的教育支出，会使工业设计毕业生有质和量的提升，进而反映到设计企业的创新和盈利能力上，最后由设计企业反映到整个设计产业上来。

表 5-4　提升 5% 的教育支出后工业设计系统仿真产出结果

年份	不做变动时的工业设计产业规模/亿元	不做变动时的工业设计产业规模年增长率/%	提高 5% 的教育支出后的工业设计产业规模/亿元	提高 5% 的教育支出后的工业设计产业规模年增长率/%
2013	466.221		466.221	
2014	572.977	22.90	584.432	25.36
2015	712.368	24.33	742.536	27.05
2016	897.248	25.95	957.804	28.99
2017	1 146.260	27.75	1 256.160	31.15
2018	1 486.970	29.72	1 677.370	33.53
2019	1 960.870	31.87	2 283.620	36.14
2020	2 631.540	34.20	3 174.320	39.00
2021	3 598.240	36.74	4 511.880	42.14
2022	5 019.020	39.49	6 567.980	45.57
年份	不做变动时的工业设计专利授权量/件	不做变动时的工业设计专利授权量年增长率/%	提高 5% 的教育支出后的工业设计专利授权量/件	提高 5% 的教育支出后的工业设计专利授权量年增长率/%
2013	543 558		551 263	
2014	563 090	3.59	571 709	3.71
2015	584 257	3.76	593 997	3.90
2016	607 518	3.98	618 581	4.14

（续表）

年份	不做变动时的工业设计专利授权量/件	不做变动时的工业设计专利授权量年增长率/%	提高 5% 的教育支出后的工业设计专利授权量/件	提高 5% 的教育支出后的工业设计专利授权量年增长率/%
2017	633 022	4.20	645 613	4.37
2018	660 880	4.40	675 216	4.59
2019	691 207	4.59	707 523	4.78
2020	724 140	4.76	742 690	4.97
2021	759 837	4.93	780 901	5.14
2022	798 480	5.09	822 367	5.31

　　需要注意的是，在过去的五年内，工业设计产业规模以年均超过 20% 的增长率飞速增长，这一增长率远超其工业设计专利授权量的年增长率，也超过了我国绝大多数行业的年增长率，反映了在"十三五""十四五"规划期间，工业设计作为重点发展的新兴产业得到了国家和社会的很大重视。但表 5-4 的数据也说明产业规模的增长率并没有直接带来专利授权量的增长。而提升 5% 的教育投入后，工业设计产业规模的增长率会达到非常惊人的 30% 以上，到 2022 年，预计会比无提升的模拟值高 1 548.96 亿元，提升了总量的 30% 左右。这说明了设计教育在整个系统里对设计产业的推动作用是非常巨大的。

　　更多视觉化比较呈现如折线图 5-22、图 5-23 所示。

图 5-22　提高 5% 的教育支出后工业设计专利授权量年增长率仿真结果

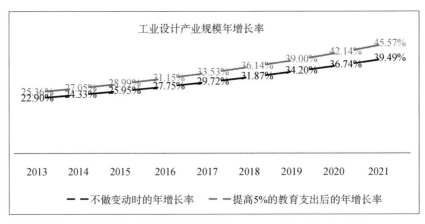

图 5-23   提高 5% 的教育支出后工业设计产业规模年增长率仿真结果

2) 提高 5% 的 R&D 支出

从整体数据上来看(见表 5-5),提高 5% 的 R&D 支出对工业设计产业规模影响较小,最高有 0.57% 的增长率,但对工业设计专利授权量影响较大,增长率较高,若以仿真结果里的最后一年,即 2022 年来算,最终工业设计专利授权量比不做变动时的工业设计专利授权量模拟值提升了约 42.9%,可以说是非常大的提升。

表 5-5   提升 5% 的 R&D 支出后的工业设计系统仿真产出结果

年份	不做变动时的工业设计产业规模/亿元	不做变动时的工业设计产业规模年增长率/%	提高 5% 的 R&D 支出后的工业设计产业规模/亿元	提高 5% 的 R&D 支出后的工业设计产业规模年增长率/%
2013	466.221		466.221	
2014	572.977	22.90	572.977	22.90
2015	712.368	24.33	712.388	24.33
2016	897.248	25.95	897.546	25.99
2017	1 146.260	27.75	1 147.460	27.84
2018	1 486.970	29.72	1 490.350	29.88
2019	1 960.870	31.87	1 968.910	32.11
2020	2 631.540	34.20	2 648.940	34.54
2021	3 598.240	36.74	3 633.900	37.18
2022	5 019.020	39.49	5 089.810	40.06

(续表)

年份	不做变动时的工业设计专利授权量/件	不做变动时的工业设计专利授权量年增长率/%	提高 5%的 R&D 支出后的工业设计专利授权量/件	提高 5%的 R&D 支出后的工业设计专利授权量年增长率/%
2013	543 558		633 399	
2014	563 090	3.59	665 390	5.05
2015	584 257	3.76	702 230	5.54
2016	607 518	3.98	744 546	6.03
2017	633 022	4.20	792 696	6.47
2018	660 880	4.40	847 124	6.87
2019	691 207	4.59	908 396	7.23
2020	724 140	4.76	977 205	7.57
2021	759 837	4.93	1 054 380	7.90
2022	798 480	5.09	1 140 900	8.21

根据系统 SD 图可知,提升 R&D 支出主要影响的是工业设计的关联产业制造业,而制造业的 R&D 经费投入会直接影响到工业设计专利授权量。从创新产品制造的角度来说,R&D 经费越高,说明产业对前端研发的需求越大,对与用户需求对接的工业设计的投入越高,工业设计参与制造业产业创新的比重越大,因此工业设计专利授权量也随之增加。海牙工业设计专利授权量作为最具有权威性的国际性知识产权指标,从另一方面也说明提升 R&D 经费会对我国的知识产权影响力起重要作用。

对工业设计系统产出的影响相对不大则说明,工业设计产业规模和 R&D 经费的依赖关系相对较小,和工业设计专利授权量的相对关系也较不明确。在仿真计算中,工业设计产业规模主要通过对设计企业、设计从业人数进行函数运算得到,影响较小说明设计企业、设计从业人数与 R&D 经费关联较小,R&D 经费主要通过影响关联产业来间接影响工业设计产业。

更多信息如折线图 5-24、图 5-25 所示。

图 5-24 提高 5% 的 R&D 支出后工业设计专利授权量年增长率仿真结果

图 5-25 提高 5% 的 R&D 支出后工业设计产业规模年增长率仿真结果

3）提高 10% 的有效专利产业化率

从整体数据来说（见表 5-6），提升 10% 的有效专利产业化率对工业设计专利授权量的增长和对工业设计产业规模的增长影响相当，前者最多会有 0.4% 的增量提升，后者最多会有 0.6% 的提升。整体均不属于非常明显的提升水平。说明有效专利产业化率与工业设计系统运转的关联不是非常密切。从系统 SD 图来看，有效专利产业化率主要集中在影响创新产品数、制造业销售产值上，对关联产业影响较大，而对工业设计产业影响不大，属于间接影响。

表 5-6　提升 10% 的有效专利产业化率后的工业设计系统仿真产出结果

年份	不做变动时的工业设计产业规模 /亿元	不做变动时的工业设计产业规模年增长率/%	提高 10% 的有效专利产业化率后的工业设计产业规模 /亿元	提高 10% 的有效专利产业化率后的工业设计产业规模年增长率/%
2013	466.221		466.221	
2014	572.977	22.90	573.002	22.90
2015	712.368	24.33	712.663	24.37
2016	897.248	25.95	898.315	26.05
2017	1 146.260	27.75	1 149.050	27.91
2018	1 486.970	29.72	1 493.200	29.95
2019	1 960.870	31.87	1 973.630	32.17
2020	2 631.540	34.20	2 656.400	34.59
2021	3 598.240	36.74	3 645.250	37.23
2022	5 019.020	39.49	5 106.510	40.09

年份	不做变动时的工业设计专利授权量 /件	不做变动时的工业设计专利授权量年增长率/%	提高 10% 的有效专利产业化率后的工业设计专利授权量 /件	提高 10% 的有效专利产业化率后的工业设计专利授权量年增长率/%
2013	543 558		545 326	
2014	563 090	3.59	565 964	3.78
2015	584 257	3.76	588 546	3.99
2016	607 518	3.98	613 527	4.24
2017	633 022	4.20	641 068	4.49
2018	660 880	4.40	671 304	4.72
2019	691 207	4.59	704 386	4.93

（续表）

年份	不做变动时的工业设计专利授权量/件	不做变动时的工业设计专利授权量年增长率/%	提高10%的有效专利产业化率后的工业设计专利授权量/件	提高10%的有效专利产业化率后的工业设计专利授权量年增长率/%
2020	724 140	4.76	740 491	5.13
2021	759 837	4.93	779 827	5.31
2022	798 480	5.09	822 632	5.49

更多信息如折线图 5-26 和图 5-27 所示。

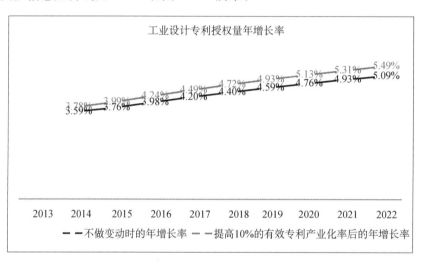

图 5-26　提高 10%的有效专利产业化率后工业设计授权量年增长率仿真结果

图 5-27　提高 10%的有效专利产业化率后工业设计产业规模年增长率仿真结果

4) 提高5%的制造业自身研发投入

从整体数据来看(见表5-7),提升5%的制造业自身研发投入对工业设计专利授权量的影响较大,基本上会比不做变动时的年增长率高1.1%~1.2%。到2022年,提高5%的制造业自身研发投入后的工业设计专利授权量会比不做变动时的专利授权量高出23.6%。但是其对工业设计产业规模的影响较小,仅有0.44%的提升,可见关联并不大。这是因为制造业自身研发投入在创新过程中包括了对工业设计专利的开发和投入,但对设计产业和从事设计的人员的促进作用相对间接。

表5-7　提高5%的制造业自身研发投入时的工业设计系统仿真结果

年份	不做变动时的工业设计产业规模/亿元	不做变动时工业设计产业规模年增长率/%	提高5%的制造业自身研发投入后的工业设计产业规模/亿元	提高5%的制造业自身研发投入后的工业设计产业规模年增长率/%
2013	466.221		466.221	
2014	572.977	22.90	572.977	22.90
2015	712.368	24.33	712.383	24.33
2016	897.248	25.95	897.471	25.98
2017	1 146.260	27.75	1 147.170	27.82
2018	1 486.970	29.72	1 489.540	29.84
2019	1 960.870	31.87	1 966.990	32.05
2020	2 631.540	34.20	2 644.790	34.46
2021	3 598.240	36.74	3 625.320	37.07
2022	5 019.020	39.49	5 072.580	39.92
年份	不做变动时的工业设计专利授权量/件	不做变动时的工业设计专利授权量年增长率/%	提高5%的制造业自身研发投入后的工业设计专利授权量/件	提高5%的制造业自身研发投入后的工业设计专利授权量年增长率/%
2013	543 558		608 692	
2014	563 090	3.59	640 289	5.19

（续表）

年份	不做变动时的工业设计专利授权量/件	不做变动时的工业设计专利授权量年增长率/%	提高5%的制造业自身研发投入后的工业设计专利授权量/件	提高5%的制造业自身研发投入后的工业设计专利授权量年增长率/%
2015	584 257	3.76	672 000	4.95
2016	607 518	3.98	706 021	5.06
2017	633 022	4.20	743 056	5.25
2018	660 880	4.40	783 516	5.45
2019	691 207	4.59	827 744	5.64
2020	724 140	4.76	876 081	5.84
2021	759 837	4.93	928 894	6.03
2022	798 480	5.09	986 588	6.21

更多信息如折线图 5-28 和图 5-29 所示。

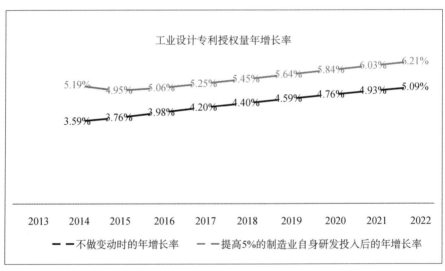

图 5-28　提高 5%的制造业自身研发投入后的工业设计专利授权量年增长率仿真结果

图 5 - 29　提高 5% 的制造业自身研发投入后的工业设计产业规模仿真结果

5.4　本章小结

本章主要建立了基于系统动力学的设计系统模型。基于对前人文献的分析，利用波特钻石模型中的几大要素重新为符合中国国情的设计系统进行子系统分类，设定了设计产业子系统、设计教育子系统、关联环境子系统、政府政策子系统四大子系统，并对子系统内部结构进行了详细分析，具体分析了设计系统运转过程中各参与主体和资源分配等相互影响因素之间的依赖关系。本模型的主要作用是模拟系统运转过程中的优势和可能发生的问题，促进系统自然健康运转，实现产业可持续发展。

随后以工业设计系统为例对系统模型进行实证分析。为了能运用在工业设计设计系统上，本研究对原设计系统模型进行了简化调整，并导入 2013—2018 年的工业设计行业数据，最终模型通过实证检验，可用于仿真评估。在仿真评估中，模拟了四组调整方案，分别为政府提升 5% 的教育支出，提升 5% 的 R&D 支出，综合提升 10% 的有效专利产业化率，以及制造业提升 5% 的自身研发投入，并以工业设计产业规模和工业设计专利授权量为最终输出结果。结果显示，政府教育支出对工业设计产业规模影响较大,政府 R&D 支出和制造业 R&D 投入对工业设计专利授权量影响较大,而有效专利产业化率对两者的影响均较弱,这说明在我国工业设计系统里依然还是以政府调控为主要的手段,进而对产业产生较大影响。具体政策调控建议将在下一章进行叙述。

第6章 总结与启示

6.1 研究结论

本研究主要对"国家设计系统"这一较新的概念进行了再定义和梳理,以及综合绩效评估,然后运用系统动力学方法进行了模型构建,并借助工业设计系统模型对其重要影响因素进行了仿真模拟,验证了之前的分析结果。

具体而言,可分为以下三部分。

(1) 本研究对设计系统概念进行了梳理,认为其主要目的是为设计产业发展提供便利,同时通过梳理我国设计系统和世界其他国家设计系统的运行框架,提出了设计系统的二元动力驱动机制。

在本研究的框架里,设计系统主要指的是参与创新设计活动的主体以及其相互之间的关系。

本研究在第三章对现有的设计系统发展进行了梳理,包括我国的设计系统发展历史、设计政策变化、设计促进、设计教育和设计产业发展情况,并总结出我国的设计系统结构框架,即以政府部门、市场机构、专业机构、教育组织为主体,以设计政策、设计促进、设计产业、设计教育为四大设计系统行为。随后又选择了英国、欧盟、美国、日本、韩国作为主要研究对象,对以上各国的设计系统进行了类似的框架梳理。

在研究过程中发现,英国设计系统的特征是以设计研究引导政府推进创新政策,这与英国丰厚的创意产业和设计研究发展背景密不可分,英国尤其注重小微企业的发展和国际合作,以出口为主要导向。欧盟设计系统的特征是以全局推进设计战略联盟,采取的是利用设计整合现有文化遗产优势进行差异化发展的战略,通过设计振兴欠发达地区文化创意产业。美国设计系统的特征是以产业为核心,行业组织主导系统运转,这是因为美国市场经济发达,国家政府直接引导较少,行业协会直接对接产业,整体的设计系统最扁平化,设计产业受市场影响较大。日本的设计系统早期是以公共投资来推动的,集中在好设计评选上,通过推动好设计影响力来提升整体国民对设计的认知,同时使用非常完善的版权法律法规和资金、政策扶持企业来达到提高社会认知水平、协助产业创新的目的。韩国作为新兴经济体,以国家强力计划推动创新设计成为国策,多个"五年计划"把设计作为振兴经济发展的重点战略,给国民灌输设计意识,并通过大量资金支持将设计融入全社会系统体制。

对比而言,我国的设计系统层次相对较多,就中央、地方、官方设计促进组织、设计产业来说分了多层。在我国,中央层面虽然有对设计的政策支持,但落实到地方还是表现为非常明显的各地方政府设计产业的集聚性特征,以设计园区为代表,作为政府管理的主要抓手。因此,各地因为经济发展不均衡也带来比较大的区别。比如在北京和东南沿海等经济发达地区,设计作为市场需求已经产生了专门的管理和组织机构,而在经济欠发达地区,仅有少量地区,比如云南、贵州等有少量政府机构在利用设计的力量推动文创产业发展。

根据对世界其他国家和我国的设计系统框架分析,本研究提出了设计系统的二元驱动运行机制,以及市场驱动和政府驱动两种主要的推力模式,认为在经济发达地区,主要由市场需求驱动设计系统运转,促进设计创新,而在经济欠发达地区,政府资助是发展中国家产业创新的启动器,通过政府促进设计支持行为,利用政策利好、教育扶持、基础设施建设、知识产权规范等方式促进设计生产。

(2) 在确定了国家设计系统的框架之后,本研究利用 DEA 方法和满意度模型对我国的国家设计系统进行了综合绩效评价。其中 DEA 方法主要用于相对创新效率比较,满意度模型主要用于从业人员主观评价。两者结合为我国的设计系统绩效评价提供了综合观点。

考虑到创新设计过程的复杂性和多阶段性,本研究采用了两阶段独立 DEA 模型,将设计系统的创新效率规定为第一阶段:政府政策和设计教育输入为设计系统创造了创新环境条件,产出为设计产业,设计产业通过设计系统的经济转化过程,转化成可计量的设计产值,成为设计系统的第二阶段产出。本研究还最终选择了包括中国在内的世界创新指数排在前列的 14 个国家进行 DEA 系统效率计算,通过横向对比比较中国的设计系统创新效率。

在对比过程中发现,我国的海牙设计专利注册数、设计从业人数、设计专业毕业生人数、设计产品出口额都遥遥领先,在第一阶段创新环境条件中设计系统效率较高,规模收益良好,但到了第二阶段,从设计产业转化为经济产值时,中国设计系统效率就迅速下滑,纯技术效率较高而规模效率较低,产业配置不够合理。有效性分析和规模收益分析说明我国的设计营收偏低,存在较多冗余,大量专利为无效专利,不能及时转化为经济效益。又利用投影分析对这 14 个国家进行了横向的创新效率比较。比较中发现,我国第一阶段创造设计系统创新条件的纯技术效率已经趋于理想值,但第二阶段的成果投入转化为产值的效率依然有 55.11% 的改进空间。

从业人员的满意度研究则利用公众满意度 ACSI 模型建构了从业人员对设计系统的满意度模型,并通过问卷调查的形式采集数据。问卷通过了信度和效度检验,本研究对其结果进行了 SEM 结构方程分析,发现模型与问卷数据的总体拟合状况较好,所以之前的假设得以验证。结构方程还显示,从业人员对设计系统的满意度最影响他们对设计系统各环节的抱怨以及对设计系统各环节的认可和支持(忠诚度),他们对设计系统的期望也会很影响他们对设计系统质量的感知,并且他们对设计系统效果的感知会影响整体满意度。模型体现了较好的稳定性和一致性。

在满意度调查的描述性统计里,本研究发现,我国设计系统在从业人员心目中感受偏低,均值在 2~3 分之间徘徊(满分 5 分),改善空间较大。主要原因是大家对设计系统的质量感知较低,觉得设计系统无法满足创新需求,也无法满足个人发展需要,虽然样本觉得设计系统在整体上对国家和行业有利,符合国家发展和公共利益,但对个人认同感没有太大帮助,尤其是设计政策措施落实、制度保障、系统内各环节的运转情况,和期望有较大的出入,因此造成了整体满意度偏低的结果。

对照 DEA 效率分析的结果来看,尽管我国整体的设计产业环境的创新效率较好,但最终效益偏低,这与个人认同感低、政策利好不明显、制度保障不到位等相关联。因此,可以认为我国设计系统在提升个人及企业创新收益上尚存较大改善空间。

(3) 为了更详尽地描述并明确设计系统内的各要素对整体设计系统运转状况的影响,本研究引入了系统动力学方法进行分析。

本研究参考了现有的设计指数和波特的竞争优势理论,将设计系统分成设计产业、设计教育、关联环境、政府政策四大子系统;在明确了设计作为生产性服务业的同时,强调了四大子系统相互影响、相互制约和相互关联的作用;同时结合我国实际,对四大子系统内部结构进行了分析。

考虑到我国的现状,政府政策子系统对设计产业、设计教育和关联环境三大子系统都具有强作用,利用知识产权保护、制度规范等政策法规,推广措施、扶持计划等产业培育,科教投入等方式对三者施加影响,促进三者的发展。而关联环境和设计产业之间是相辅相成的强作用关系,设计产业通过满足用户需求促进关联产业创新发展,关联环境又为设计产业提供需求和发展机会。设计教育为设计产业提供最为核心的人力资源,也输出创新理念,而设计产业通过产学研与设计教育保持了双边的强作用关系。

为了验证本模型,本研究将工业设计行业作为设计行业的代表,进行了系统模型的实证检验;采集了 2013—2018 年间我国工业设计行业和其关联产业制造业的数据,通过 SPSS 计算变量方程,并导入 VENSIM 软件进行计算,最终验证了模型有效性。

根据模型,本研究又利用 VENSIM 软件进行了仿真模拟,设定将政府对教育的投入力度、对 R&D 的投入力度,以及在市场环境下的有效专利产业化率、制造业 R&D 投入分别提升 5% 时,观察工业设计产业发展,以工业设计产业规模和海牙工业设计专利授权数为仿真输出结果,最终得出结论:工业设计产业发展处于高速发展期,其规模扩张极快,政府的教育支出对工业设计产业规模影响较大,R&D 投入(无论是政府还是关联产业)对工业设计专利授权量影响较大,有效专利产业化率对这两者影响较小。这证明了在我国的设计系统里依然还是将政府调控作为主要的手段来对设计产业产生主要的驱动作用,并且教育支出会对产业规模产生很大影响。

6.2 政策建议

综合上文的结论分析,本研究认为,我国设计系统发展非常快速,能为设计产业提供较好的创新环境条件,但过于快速的发展带来的主要问题是配置不合理,并且由于体量过于庞大,造成了不少恶性竞争,导致整体收益并不高,也导致了从业者满意度和认同感偏低。由于政府调控的重要作用在研究里一再被验证,因此政府有责任对设计系统进行调控,促进其更健康良好地运转。

6.2.1 从顶层设计角度厘清设计公共服务组织架构

第三章的设计系统现状分析已经展示出我国设计系统在管理上的混乱情况,从中央政府到地方政府均存在管理部门划分不清的情况,落实到具体地方时虽然有产业园区作为抓手,但实际上除了少数几个经济发达省市外,很少有较为完整的设计系统组织。

在我国现阶段产业升级的转型期,有必要对设计产业进行更明确的定位,从国家战略的角度提倡设计发展。据此,对图 3-8 进行了修正,得到了图 6-1。现阶

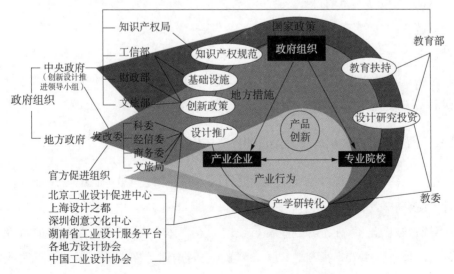

图 6-1 修改后的我国设计系统框架机制 1

段虽然国家已经将工业设计作为大力提倡发展的产业列举出来,但其主要是作为制造业的辅助产业,创新设计、设计产业依然还未被提到国家战略发展的程度。因此,需要从顶层对设计进行规划,在中央层面开始重视设计发展,建设专门领导小组,协调各部委资源,从而避免职能划分不清的问题。同时,中央重视也会对产业有更明确的定位和规划。

在地方层面,也存在较大的组织架构不清的问题,设计创新属于发展改革中的重要部分,应该由各地方发展改革委员会统一筹划,协调科委、经信委、商务委和文旅局等多方面的资源,这些相应部门都有设计创新的需求,而不应该是每个地区分属不同委员会。例如上海市设计推进工作属于经信委负责,但科委也需要通过设计促进科技产业创新发展,文旅局也需要设计来做文化创意产品以推进旅游业发展,所以就需要经常去经信委要求协助。如果能统一归属发改委,则可以协调财政局、商务委一起为设计产业发展出力。

在调研过程中本研究还发现不清楚地方设计管理机构的从业人员不在少数,更不要说国家设计系统的组成,这说明我国的设计系统公共服务体系尚未深入人心,组织架构很不清晰,还有很大的提升空间。如果能从归属上更明确指导机构,则现有的设计促进组织在开展工作时也就更有效率。例如北京工业设计促进中心、上海设计之都、深圳创意文化中心等地方性的公共设计服务平台均有很多设计促进活动,对拉动城市的设计产业发展作用很大,但普及率相对还是不够高。尤其在全国范围内,应当建设更多的地方性设计服务平台,从地方开始,以点带面,建设区域性的设计资源共享体系,推动地区产业发展。因此,有必要对现有的设计公共服务架构进行更清晰化的设计,去除不必要的多层架构,以中央创新设计推进领导小组和地方政府发改委为核心抓手,统一管理。

6.2.2　增加设计系统信息公开渠道和宣传措施

第四章的设计系统绩效评估实际上显示了两件相关又矛盾的事:从业人员对设计系统存在较大不满,认为其并没有较好地促进创新,也由此影响了个人的认同度;但统计数据显示,在世界创新排名较前的经济体里,我国至少在前期的设计系统创新环境条件中效率很高,只是在终端产出时遭遇了极大的下滑。这说明我国的设计系统营造的创新环境并没有成功地传达到从业人员的个人体验上,他们更多地体会到的是最终的收益率低的结果。因此,本研究认为设计系统运转的环境层面的成果并没有成功地输入从业者心中,即信息传递出现了缺失。

　　基于此,本研究认为,现有的行业发展情况需要有更多的信息公开渠道,从中央政府、地方政府到行业组织,信息障碍要被打通。通过大量宣传让从业人员在参与行业建设时能够清晰地知道管理、监督的组织和行业运行的机制,并让他们对我国设计发展状况有更清晰的认识。因此,有必要把宣传部门也加进设计系统组织里来。基于此,本研究对图 6-1 进行修正,得到图 6-2。

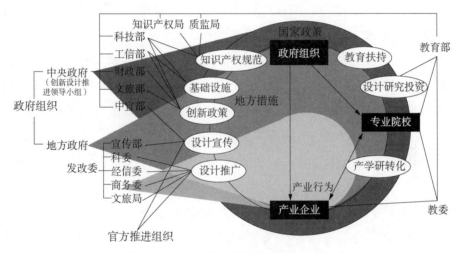

图 6-2　修改后的我国设计系统框架机制 2

　　本研究建议增加设计宣传作为政府组织进行国家政策和地方措施引导的一部分。中宣部受中央创新设计推进领导小组领导,对我国设计产业、设计驱动创新战略、Design in China 进行宣传;地方上宣传部受发改委设计战略整体协调,帮助其他部委推进政策和措施等,另外也对设计系统整体内容进行宣传,帮助大众和从业人员了解我国设计系统结构。

　　前期研究也发现,我国设计企业本身处于起步阶段,尚未有足够多的有经验的管理者,整体竞争力较弱,尚未形成具有影响力的国际品牌,市场经验不足。很多从业人员并不清楚创新政策、扶持计划等内容。社会对设计创新的认知还比较初级,对设计的印象还停留在工艺美术阶段,这造成了设计从业者在感知上的不满意。改进这一现象非一日之功,需要长年累月的知识输入,因此,更多的设计宣传措施必不可少。一方面增强从业人员对设计系统的信心,另一方面也影响社会对设计的价值判断,从而从根本上增加设计的影响力,加快设计和产业融合,促进国家整体产业升级和创新。

宣传措施包括:对已有的产业发展成果进行推广,强调设计系统的良性作用;对已有的建设成果大力宣传,尤其是相应的政策措施,需要通过建设平台进行推广;通过构建信息共享平台,为设计产业链的各个链条提供相应的信息服务,也利用政策支持从事相关信息服务的设计企业,比如对中小微设计企业减免网络费用等。这样在设计信息交流上,能够打通官方和产业的渠道,让官方信息和产业信息互通有无,交流更加方便,从而加速设计成果转化。

从提升设计软实力的角度来说,宣传也非常重要。参考欧盟和英国的设计推广措施,可以建设国家级的设计平台,通过平台发布设计项目和推广内容,这对行业来说,具有一定的权威性和领导力;从地方角度利用设计推动大量社会创新活动,社会创新比起产业创新,更能够在大众心中留下印象,也有利于从业人员推广设计价值;通过知识分享、经验交流和技能训练等方式强化设计力量,帮助弱势地区运用设计工具,培养创新实验室;利用平台组织各种设计推广活动,比如设计周、设计展、设计竞赛,依托现有的 UNESCO、ICSID 设计之都、北京设计周、上海设计周的活动进行国际化推广,创办并推广具有影响力的设计大奖,如红星奖,中国好设计大奖等。除了引入国外先进的设计经验,也要积极走出去,建立与设计发达国家和地区的设计交流机制,通过人才交流、项目交流、文化交流等多种方式在国际设计的舞台上传播中国设计的形象。

6.2.3 通过提升专利转化价值提升设计系统效率

由第四章的分析发现,我国设计系统绩效的主要症结是在最终的创新成果转化为经济效益的阶段,效率很低。虽然前期的系统创新环境条件并不差,但由于转化效率太低,导致我国的最终产出效率低,给从业人员的感受不佳,造成满意度低的结果。研究发现,大量无效专利成为冗余数据,产业配置不合理,设计价格低廉,政策落实、知识产权保护不到位等是主要的问题。

　　为了提升设计系统最终效率,需要增加创新成果转化为经济效益的能力,具体来说应该提高专利转化价值。必须承认我国目前的产业发展还未完全进入知识经济阶段,对创新投入的重视程度与发达国家相比尚有差距,这还需要多年对创新的提倡和积累,虽短期内较难达到,但依然可以努力进行调整。

　　在微观上,关于知识产权的直接保护措施,本研究提出由科技部、质监局和知识产权局合力,对现有知识产权进行保护(见图 6 - 2)。质监局利用质量管理体系,知识产权局细化版权规范,科技部鼓励自主产权转化,三方合力,对侵权行为进行严惩。可参照日本的版权法规,比如对于经法院审理确认侵权的行为,除下架其产品外,还需处以高额赔偿,若情节严重,可与更多民事处罚挂钩,比如限制竞争等。对使用了更多高科技专利的创新产品进行政策鼓励。加强知识产权保护,对设计专利侵权进行严惩,保护设计成果,自然会让企业提高对设计的认识,也更支持自主创新,从而促进设计创新的良性循环。

　　在中观上,将科技部引入系统内,从科技创新角度促进产业更多专利转化。从具体的设计企业需求出发,为他们提供快速发展所需要的便利条件。在我国目前以园区为主要产业集聚地的情况下建立一批示范基地,并且将示范基地的经验复制到更多创意园区、科技产业园区,在建设园区的过程中将设计服务纳为必需,将设计企业有机融合进产业环境里,并且在园区建设中为设计企业提供更完善的服务,比如专利注册、产权保护、信息化平台搭建等。在设计公共服务平台的建设中,利用平台的官方身份一方面协助政府推进设计产业发展,另一方面联合学界进行设计教育和设计研究。通过平台组织和管理多种行业协会,提供各项设计技能训练,举办会议展览,协助企业进行设计人才招募及流通,帮助设计产业实现创新知识快速流通。

　　在宏观上,建设有利于产业发展的金融措施、创新政策优惠措施等。这些措施其实并不单纯只是为了设计产业发展,而是对整个创新环境进行塑造。新金融服务促进中小微企业发展,设计服务企业一般以中小微企业为主。一般来说,财政措施引导扶持设计创新,对设计产业发展是首要的帮助。创新优惠政策既可以是税负减免,也可以是奖励基金。政府提供资金,不仅可以发布各项创新项目,还能列举设计行业内的共性问题并鼓励解决。此外,通过开展一些设计文化宣讲、组织面向公众开放的设计展览等,可以向大众普及设计知识,培育设计的创新土壤和大众对设计创新的意识,从文化环境上塑造大众对设计的认识。

6.2.4 促进教育和产业融合,将设计纳入基础课程

第五章的仿真结果说明,教育投入对设计产业规模影响较大,而人力资源作为设计产业发展的核心资源,其发展程度直接决定了设计产业是否能成为足够推动创新的直接动力。从绩效评价里也可以看出,从业人员对现有的设计教育并不满意,认为其并不能适应快速变化的市场创新需求。我国虽然有冠绝全球的设计专业毕业生人数,但并不是所有的设计专业毕业生都会从事设计工作,更有甚者,毕业即失业的现象一直存在。大量设计专业毕业生造成了市场的过饱和,也导致中低端设计工作存在恶性竞争,因此收益率较低,影响了设计产业的整体产出收益。

为了改善这一情况,最直接的方法就是尽快促进设计教育与产业融合。通过行政手段鼓励产学研教育模式,加强在校学生设计实践能力,支持企业和高校合作建立实践基地,建设创意孵化工厂,鼓励设计创业,促使学生尽早参与社会实践,同时方便设计成果转化。敦促建立完善的人才体系,从短期教育培训、职业学校培训、高等院校设计教育、企业设计培训等多个层次提供完整的设计教育,将设计作为生产环节必须加以重视的概念刻进公司管理者和生产参与者的心中。在设计教育体系建立的过程中,需要优化人才培养结构,减少不切实际的部分,突出设计促进创新的理念、设计技能及设计创业的培养,可参考韩国的做法对设计人才进行详细划分,通过专业化、细分化的做法,把人才培养做精、做专。强调设计的跨界能力,鼓励对设计的关联产业加强设计教育。比起教育一个专业设计师,教育十个具备设计知识的工程师对设计产业的促进作用是更大的。

将设计思维作为基础教育的训练课程,从小培育创新能力和审美能力,这对国家未来创新发展的影响力不可限量。设计理念很适合作为普及课程,也很适合作为科创课程。可以专门设立教育基金鼓励在设计上有杰出成果的青少年,还可以举办青少年设计大赛等。或者参考日本和韩国的做法,先教育民众设计的重要性,从整体上提高民众对设计的认识,当社会对设计的认知提高后,设计的价值就越会凸显出来。

在设计研究方面,鼓励进行重点领域的研究。比如设计基础理念研究,寻找中国的设计历史,构建具有中国特色的设计理论,从设计技术、设计管理上形成具有中国特色的设计方法。中国现在的经济和产业发展情况非常独特,设计作为生产性服务业需要在转型期起到重要的推动作用。因此,应当鼓励面向关联产业现实,进行一些迫切领域和重点领域的研究。比如,制造业急需新工艺变革以应对新形势新业态,设计研究应当响应这一需求,在工艺集成、智能装备设计上进行深入研究。关联产业还包括一些新兴领域,比如互联网零售产业等,设计需要针对新商业模式、新用户体验做出紧跟时代的理论和研究。在现在的很多领域,由于我国的发展和国外经验并不一致,缺乏一定的案例参考,所以应当鼓励扎根实际,立足于本地特色,对我国现状进行深入地发掘。但过于本土化会失去扩展国际市场的机会,因此,本土化和国际化的平衡也是设计研究需要考虑的事。

6.2.5 设计国家形象,提高文化输出影响力

设计作为有效的创新工具,亦可用于宏观管理上。我国目前提出了从中国制造到中国智造的战略,设计界则提出从中国制造到中国设计,但尚未有政策支持。我国制造业虽然全球体量第一,但依然有很多属于低端加工业,附加值偏低。在国际上,中国产品质量不高,设计抄袭现象严重,缺乏特色等问题一直被诟病。中国并不缺乏创新能力,但整体产品呈现的形象繁杂凌乱,缺乏辨识度。

当国家把设计作为国家战略之一,设计也会同时成为国家创新能力的象征。比如英国作为最早开始提倡设计思维和发起设计系统研究的国家,一直将"创意经济"作为英国经济转型的重要战略,对外推广英国设计思维、设计研究,并帮助欧盟施行了欧盟 2020 等多个设计战略,强调"DESIGN in London"的伦敦设计之都形象,联合国调查显示,伦敦是至今所有设计之都里最被认可的"全球设计之都"。英国也一直以设计创意领导者的姿态活跃在国际视野中。日本通商产业省为了改变早期日本制造粗制滥造、抄袭假冒的印象,大力推广好设计,发布地区设计振兴计划,通过推广设计服务极大地提升了日本产品的国际形象,泡沫经济后,通商产业省改组经济产业省,又发布"酷日本"计划,将日本形象设计为"酷",在国际上推广日本的创意产业,成功进行了文化输出。韩国经历了四个"五年计划",将设计作为

国家战略,极大地促进了韩国设计产业和关联制造业、文化产业的快速发展。韩国作为一个新兴经济体,第二个"五年计划"后就成功进行了"韩流"的文化输出,也留下了韩国制造、韩国设计的形象。美国从20世纪70年代开始就推广联邦设计标准,整个国家的行政机构全部遵循同一标准,保证其输出的稳定性,与此同时,商业市场的包罗万象强调产品的实用性。德国继承包豪斯的设计传统,至今依然以现代设计、精密制造作为德国制造的象征。北欧诸国则以突出的设计风格和家居文化形成了独特的北欧风,推广其支柱产业之一——林业产品。我国目前知名的设计之都北京、上海和深圳也在努力把设计作为自己的城市品牌形象,但距离伦敦和其他著名设计之都还较远。

我国需要利用设计的融合创新能力对国家形象进行设计。除了和制造业的紧密关系外,设计在创意产业、文化产业中也起到了举足轻重的作用。设计通过将我国文化以现代的方式叙述出来,可以帮助文化产业进行更贴近用户地传播,扩大文化的影响力。日本在游戏设计、新媒体设计上营造了非常成功的"酷日本"形象,欧盟实施了多个措施用设计来推广文化遗产,比如捷克、希腊等地区。这点也值得我国借鉴。我国有悠久丰富的文化传统,但仅停留在文化保护层面而不进行设计开发,所以很难得到更多认可,商业化价值较低,也更难输出而成为具有国际影响力的形象。因此,需要由政府推动,对文化产物进行再设计,强调民族元素,同时兼容并包,将国家形象包装为更吸引人、更具有亲和力的形式,催动文化产品的消费,实现文化的输出。当然,不单是进行传统文化保护,也应对我国现阶段人民的精神追求和生活喜好进行研究总结,通过设计集中表现出来,成为引领时代发展、推介国家影响力的重要手段。

6.3 研究不足与展望

设计系统的研究是设计管理内容里最宏观的一类。本研究尚存在非常多的不足。

首先,由于这一领域较新,目前尚未形成统一性的定义,本研究虽然对设计系统这一概念进行了梳理,但由于可借鉴的文献太少,参考了许多创新系统的概念。

创新系统作为已发展成熟的系统理论,研究较为深入,其概念、评价、内容均有值得学习之处。随着设计逐渐受到国家重视,对宏观设计管理的研究得到深入发展,未来对此必然会有更多更完善的理解。

其次,由于设计系统是个非常庞大的集合,因能力所限,本研究只选取了最具代表性的部分指标并加以归类。在抽象和简化的过程中,不可避免存在简单化复杂问题的情况。尽管模型得到了验证,但在未来的研究里,模型的建构需要更科学化,并对指标的内涵和外延进行更详尽地说明。

再次,由于生产性服务业特征,设计在统计中多属于附加值,所以部分数据较难获得,而且存在统计口径不一的情况。在建构模型的过程中,本研究对指标进行了一定拣选,也对模型进行了一定修正。为了验证可行性,本研究进行了实证研究,以确保模型可以被运用在仿真模拟上。随着国家对设计的日渐重视,统计内容会不断完善,统计口径会逐渐统一,未来设计数据会更丰富、细致,模型的拟合程度将会更加贴近现实。

最后,由于设计系统的复杂性,本研究使用了 3 个模型对设计系统进行描述。DEA 模型和满意度模型用于描述绩效,系统动力学模型用于描述结构,模型构造的不同造成了指标的不一致,在描述上也比较容易引起误解。本研究尽量在描述时予以区分。未来在设计系统的研究中应选择更具实践指导意义的模型,通过实践改进理论模型,更全面更精准地对设计系统的某一方面进行详细研究。

在本研究的发展过程中,亦发现了一些有价值的研究方向。比如从竞争力角度来说,设计系统的健康合理运转可以提升国家竞争优势。在我国产业改革升级的转型期,实现设计驱动创新、推动新产业新生态形成的过程中,如何合理运用好设计系统,充分调动从业人员的积极性,让设计系统发挥其重要作用,也是值得学界深入研究的内容。

附　录

工业设计系统相关数据 2013—2018

指标	2013	2014	2015	2016	2017	2018	数据来源
工业设计专利授权量/件	659 563	564 555	569 059	650 344	628 658	708 799	WIPO
有效专利产业化率(外观)/%			47.6	52.4	36.6	42.8	知识产权局
有效专利产业化率(实用新型)/%			42.9	46.2	37.9	39.2	知识产权局
工业设计企业数		7 500+		12 000+	14 000		中投投资顾问咨询报告
国家级工业设计中心数	30		64		110		工信部
工业设计产业规模/亿元	470	569	712	914	1 199	1 515	中国产业信息网
工业设计招生人数			30 000+		45 165		中国设计教育指导委员会
工业设计院校数(含本科高职)			561		697		中国设计教育指导委员会
工业设计从业人数		500 000+			600 000+		中国工业设计协会

（续表）

指标	2013	2014	2015	2016	2017	2018	数据来源
居民消费价格指数(1978=100)	594.8	606.7	615.2	627.5	637.5	650.9	国家统计局
居民消费价格指数(上年=100)	102.6	102.0	101.4	102.0	101.6	102.1	国家统计局
人文发展指数	0.727	0.719	0.742	0.749	0.753	0.758	HDI 指数
制造业利润总额/亿元	50 706.0	56 898.0	57 975.0	65 281.0	66 368.0	56 964.4	国家统计局
制造业产成品/亿元	32 763.7	36 443.0	37 595.0	38 823.0	40 869.6	41 788.5	国家统计局
制造业 R&D 投入/亿元	7 959.8	8 990.9	9 650.0	10 580.3	11 624.7	12 514.0	国家统计局
知识产权保护环境(指数)	11.62	12.40	12.64	14.83	19.08	19.08	国际知识产权指数
R&D 经费支出/亿元	11 846.6	13 015.6	14 169.9	15 676.7	17 606.1	19 677.9	国家统计局
GDP/亿元	592 963.2	643 563.1	688 858.2	746 395	832 036.0	919 281.1	国家统计局

参考文献

[1] 刘强. 城市更新背景下的大学周边创意产业集群发展研究[D]. 上海：同济大学,2007.

[2] 王娟娟. 创新政策工具框架下的工业设计产业政策研究[J]. 宏观经济研究,2014(9)：103 - 114.

[3] 凌继尧,张晓刚. 中国设计创意产业发展现状与研究[J]. 创意与设计,2012(4)：22 - 39.

[4] Raulik G, Cawood G. 'National Design Systems'—a tool for policymaking [R]. Research Seminar—Creative industries and regional policies：making place and giving space, University of Birmingham，2009.

[5] 陈朝杰. 设计创新驱动国家发展：芬兰设计政策研究[D]. 广州：广东工业大学,2018.

[6] 农丽娟. 设计政策与国家竞争力研究[D]. 北京：清华大学,2013.

[7] 路甬祥. 路甬祥谈"创新设计"：对中国转向制造强国意义重大[N]. 中国日报,2015 - 11 - 05.

[8] 路甬祥. 设计的进化与面向未来的中国创新设计[J]. 全球化,2014(6)：5 - 13.

[9] 娄永琪. 从"追踪"到"引领"的中国创新设计范式转型[J]. 装饰,2016(1)：72 - 74.

[10] 柳冠中. 中国工业设计产业结构机制思考[J]. 设计,2010(12)：158 - 163.

[11] 波特. 国家竞争优势[M]. 李明轩,邱如美,译. 北京：华夏出版社,2002.

[12] 朱传耿,赵振斌. 论区域产业竞争力[J]. 经济地理,2002(1)：18 - 22.

[13] 李砚祖. 设计：在科学与艺术之间[J]. 装饰,1999(1)：49 - 51.

[14] World Economic Forum. The global competitiveness report 2015 - 2016 [R]. 2016.

[15] 李一舟,唐林涛. 设计产业化与国家竞争力[J]. 设计艺术研究,2012,2(2)：6 - 12＋26.

[16] 海军. 中国设计产业竞争力研究[J]. 设计艺术(山东工艺美术学院学报),2007,2(169)：16 - 19.

[17] 创新设计发展战略研究项目组. 制造业创新设计[M]. 上海：上海交通大学出版社,2017.

[18] 陈雪颂,陈劲. 设计驱动型创新理论最新进展评述[J]. 外国经济与管理,2016,38(11)：45 - 57.

[19] Verganti R. Design as brokering of languages : innovation strategies in Italian firms [J]. Design Management Journal, 2003,14(3),34 - 42.

[20] Perks H, Cooper R, Jones C. Characterizing the role of designing in new product development : an empirical taxonomy [J]. Journal of Product Innovation Management,

2005,22(2)：111-127.

[21] Verganti R. Design, meanings, and radical innovatin：a meta model and a research agenda [J]. Journal of Product Innovation Management，2008,25(5)：436-456.

[22] 陈雪颂.设计驱动式创新机理与设计模式演化研究[D].杭州：浙江大学,2011.

[23] Rindova V P，Petkova A P. When a new thing a good thing technological change, product form design, and perceptions of value for product innovations [J]. Organization science, 2007,18(2)：217-232.

[24] Rafaeli A，Vilnai-Yavetz. Émotion as a connection of physical artifacts and organizations [J]. Organization Science，2004,15(6)：671-686.

[25] 王方良.产品的意义阐释及语意构建[D].南京：东南大学,2004.

[26] 陈雪颂,陈劲.设计驱动型创新理论评介：创新中的意义创造[J].外国经济与管理,2010 (1)：58-64.

[27] Love T. National design infrastructures：the key to design-driven socio-economic outcomes and innovative knowledge economies [C]//International Association of Societies of Design Research. Hong Kong：The Hong Kong Polytechnic University，2007.

[28] Moultrie J，Livesey T F. International design scoreboard-initial indicators of international design capabilities [D]. Cambridge：University of Cambridge，2007.

[29] 赫斯克特.设计与价值创造[M].尹航,张黎,译.南京：江苏凤凰美术出版社,2018.

[30] Heskett J,刘曦卉.发展设计竞争力的六种模式[J].清华管理评论.2012(6)：42-51.

[31] 邹其昌.关于中外设计产业竞争力比较研究的思考[J].创意与设计,2014(4)：19-27.

[32] 路甬祥.关于创新设计竞争力的再思考[J].中国科技产业,2016(10)：12-15.

[33] 郭雯,张宏云.国家设计系统的对比研究与启示[J].科研管理,2012(10)：56-63.

[34] 张立群.世界设计之都建设与发展：经验与启示[J].全球化,2013(9)：59-74.

[35] Walters A，Whicher A，Cawood G. Research and practice in design and innovation policy in Europe [C]. International Design Management Research Conference，2012.

[36] See Platform. SEE Design Policy Monitor 2015 [R]. Cardiff，2015.

[37] 熊彼特.经济发展理论[M].何畏,易家详,译.北京：商务印书馆,2020.

[38] 王春法.关于国家创新体系理论的思考[J].中国软科学,2003(5)：99-104.

[39] 周青,刘志高,朱华友,等.创新系统理论演进及其理论体系关系研究[J].科学学与科学技术管理,2012,33(2)：50-55.

[40] OECD. National Innovation System [R]. https://www.oecd.org/science/inno/2101733.pdf.

[41] 米歇尔.复杂[M].唐璐,译.长沙：湖南科学技术出版社,2011.

[42] 王国华,李世忠.艺术设计创意产业研究[M].北京：中国文史出版社,2014.

[43] 梁昊光.设计服务业：新兴市场与产业升级[M].北京：社会科学文献出版社,2013.

[44] 王汉友,陈圻.中国工业设计产业城市集聚对策：整合产业竞争力和集聚趋势分析[J].科技进步与对策,2014,31(24)：45-52.

[45] 邹宁,张克俊,孙守迁,等.城市设计竞争力评价体系研究[J].中国工程科学,2017,19(3)：111-116.

[46] 农丽媚.设计政策与国家竞争力研究[D].北京：清华大学,2013.

[47] Alavi H. Regional coordinator for trade facilitation [R]. MNSIF: World Bank, 1999.

[48] 田常青. 出版产业国际竞争力评价理论与实证研究[D]. 武汉：武汉大学, 2015.

[49] 刘旭, 柳卸林. 中国制造业国际化基本问题分析：中国新钻石模型[J]. 科技进步与对策, 2013(12)：51 - 56.

[50] 陈圻, 王汉友, 陈国栋, 等. 中国设计产业竞争优势研究：基于钻石模型的双结构方程检验[J]. 预测, 2016, 35(3)：19 - 25.

[51] 王其藩. 系统动力学(修订版)[M]. 北京：清华大学出版社, 1994.

[52] 朱婷婷, 戚湧. 基于系统动力学的国家自主创新示范区聚力创新内在机理分析[J]. 中国科技论坛, 2019(1)：108 - 114.

[53] 王俭, 李雪亮, 李法云, 等. 基于系统动力学的辽宁省水环境承载力模拟与预测[J]. 应用生态学报, 2009, 20(9)：2233 - 2240.

[54] 郎羽. 基于系统动力学的吉林省区域创新系统动态仿真研究[D]. 长春：吉林大学, 2012.

[55] 王成. 基于系统动力学的沈阳市装备制造业创新驱动系统优化研究[D]. 沈阳：辽宁大学, 2017.

[56] 陈国卫, 金家善, 耿俊豹. 系统动力学应用研究综述[J]. 控制工程, 2012, 19(6)：921 - 928.

[57] Hollanders H, Esser F C. Measuring innovation efficiency [J]. INNO-Metrics Thematic Paper, 2007, 22(6)：739 - 746.

[58] 罗庆朗, 蔡跃洲, 沈梓鑫. 创新认知、创新理论与创新能力测度[J]. 技术经济, 2020, 39(2)：185 - 191.

[59] Farrell M J. The measurement of productive efficiency [J]. Journal of the Royal Statistical Society, Series A (General), 1957, 120(3)：253 - 290.

[60] 杨国梁, 刘文斌, 郑海军. 数据包络分析方法(DEA)综述[J]. 系统工程学报, 2013, 28(6)：840 - 860.

[61] Seiford L M, Zhu J. Profitability and marketability of the top 55 US commercial Banks [J]. Management Science, 1999, 45(9)：1270 - 1288.

[62] Kao C, Huang S N. Efficiency decomposition in two-stage data development analysis：an application to non-life insurance companies in Taiwan [J]. European Journal of Operational Research, 2008, 185(1)：418 - 429.

[63] Chen Y, Liang L, Zhu J. Equivalence in two-stage DEA approaches [J]. European Journal of Operational Research, 2009, 193(2)：600 - 604.

[64] Fried H O, Lovell C, Schmidt S S, et al. Accounting for environmental effects and statistical noise in data envelopment analysis [J]. Journal of Productivity Analysis, 2002, 17(1 - 2)：157 - 174.

[65] 赵树宽, 余海晴, 巩顺龙. 基于 DEA 方法的吉林省高技术企业创新效率研究[J]. 科研管理, 2013, 34(2)：36 - 43.

[66] 韩兵, 苏屹, 李彤, 等. 基于两阶段 DEA 的高技术企业技术创新绩效研究[J]. 科研管理, 2018, 39(3)：11 - 19.

[67] 官建成, 何颖. 基于 DEA 方法的区域创新系统的评价[J]. 科学学研究, 2005, 23(2)：265 - 272.

[68] 董艳梅,朱英明.中国高技术产业创新效率评价:基于两阶段动态网络 DEA 模型[J].科技进步与对策,2015,32(24):106-113.

[69] 肖仁桥,钱丽,陈忠卫.中国高技术产业创新效率及其影响因素研究[J].管理科学,2012,25(5):85-98.

[70] 樊霞,赵丹萍,何悦.企业产学研合作的创新效率及其影响因素研究[J].科研管理,2012,33(2):33-39.

[71] 史仕新,李博.基于三阶段 DEA 的产学研合作效率评价[J].中国高等教育,2016(18):46-48.

[72] Wang T, Li Q. Evaluation model of industry-university-research collaboration based on RS-DEA [J]. Journal of Systems Science, 2018,26(2): 126-130.

[73] 郑龙.顾客满意度测评研究及实证分析[D].武汉:武汉理工大学,2008.

[74] 邹凯,马葛生.社区服务公众满意度测评研究[J].中国软科学,2009(3):62-67.

[75] 周文生.法律绩效的公民满意度测评研究[D].济南:山东大学,2010.

[76] 梁昌勇,朱龙,冷亚军.基于结构方程模型的政府部门公众满意度测评[J].中国管理科学,2012(S1):108-113.

[77] 魏傲霞.地方政府公共服务满意度模型研究[D].武汉:华中师范大学,2012.

[78] 马艺方.我国网络传播的 PEST 外部协同治理机制研究[D].上海:上海交通大学,2015.

[79] 杜小保.读者满意度研究概述[J].情报资料工作,2004(S1):335-336.

[80] 刘武,杨雪.中国高等教育顾客满意度指数模型的构建[J].公共管理学报,2007,4(1):84-88.

[81] 邓爱民,陶宝,马莹莹.网络购物顾客忠诚度影响因素的实证研究[J].中国管理科学,2014(6):94-102.

[82] 湛东升,孟斌张,文忠.北京市居民居住满意度感知与行为意向研究[J].地理研究,2014(2):336-348.

[83] 法格博格,莫利,纳尔逊.牛津创新手册[M].柳卸林,郑刚,蔺雷,等译.北京:知识产权出版社,2009.

[84] Edquist C. Systems of innovation: technologies, institutions and organizations [M]. London: Pinter, 1997.

[85] OECD. Managing National Innovation Systems [R]. Paris: OECD, 1999.

[86] 张帆.钱学森同志谈技术美学[J].装饰,1986(3):3-5.

[87] 曹小鸥.技术美学,中国现代设计的重要转折 20 世纪中国设计发展回溯[J].新美术,2015,36(4):33-43.

[88] 中央人民政府.国务院关于加快发展服务业的若干意见[EB/OL].(2007-03-27)[2020-12-01].http://www.gov.cn/zwgk/2007-03/27/content_562870.htm.

[89] 中央人民政府.国务院关于推进文化创意和设计服务与相关产业融合发展的若干意见[EB/OL].(2014-03-14)[2020-12-01].http://www.gov.cn/zhengce/content/2014-03/14/content_8713.htm.

[90] 工业和信息化部认定首批国家级工业设计中心[EB/OL].(2013-12-03)[2020-12-01].http://www.govcn/gzdt/2013-12/03/content_2541215.htm.

[91] 北京市人民政府.北京"设计之都"建设发展规划纲要[EB/OL].(2013-09-30)[2020-12-01].http://zhengwu.beijing.gov.cn/ghxx/qtgh/t1328939.htm.

[92] 深圳市人民政府.广东省推进文化创意和设计服务与相关产业融合发展行动计划[EB/OL].(2015-11-13)[2020-10-31].http://www.szsti.gov.cn/info/policy/gd/64.

[93] 江苏省人民政府.江苏省"十三五"工业设计产业发展规划[EB/OL].(2016-10-14)[2020-06-15].http://www.jseic.gov.cn/xxgkjxw/xxgkjxwlm/201610/t20161010_206297.html.

[94] 湖南省人民政府.关于加快湖南省工业设计产业发展的意见[EB/OL].(2015-06-12)[2019-04-15].http://sjxw.hunan.gov.cn/xxgk_71033/zcfg/gfxwj/201506/t20150630_1782669.html.

[95] 许平.2007—2012:中国高等设计教育描述[C]//中国工业设计协会.中国工业设计年鉴:2006—2013.北京:知识产权出版社,2014:273-275.

[96] 彭亮.中国当代设计教育反思:制造大国的设计教育现状及存在的问题[J].创意设计源,2013(1):24-29.

[97] 姚子颖,唐智.创新设计教育发展研究报告[C]//王晓红,于炜,张立群.中国创新设计发展报告(2017).北京:社会科学文献出版社,2017:64-79.

[98] 王洪亮.中国设计产业发展与形势预测[C]//陈冬亮,梁昊光.中国设计产业发展报告(2014—2015).北京:社会科学文献出版社,2015:1-18.

[99] 周晶,曹麦.文化创意产业发展对经济增长的贡献研究:以北京市为例[J].调研世界,2015(6):17-20.

[100] 上海市政府.上海工业设计产业发展规划[EB/OL].(2011-03-10)[2018-04-15].http://www.shanghai.gov.cn/shanghai/node2314/node9819/node9822/u21ai761760.html.

[101] 杨竹.上海工业设计产业集聚发展机理研究[D].上海:东华大学,2012.

[102] 中央人民政府.浙江省大力推进"工业设计+"[EB/OL].(2017-04-07)[2020-12-01].http://www.gov.cn/xinwen/2017-04/07/content_5183882.htm.

[103] 陈圻,刘曦卉.现代生产性服务业与我国工业设计产业的发展[R].Proceedings of the 2006 International Conference on Industrial Design & The 11th China Industrial Design Annual Meeting,2016.

[104] 林卿.我国工业设计产业转型发展的公共政策研究[D].南京:东南大学,2015.

[105] 凌继尧,张晓刚.中国设计创意产业发展现状与研究[J].创意与设计,2012(4):22-39.

[106] 蒋红斌.中国工业设计园区基础数据与发展指数研究(2016)[M].北京:清华大学出版社,2016.

[107] 刘曦卉.英国设计产业发展路径[J].艺术与设计(理论),2012(5):49-51.

[108] Brown T. The challenges of design thinking [C]//InterSections 2007 conference, London:Design Council, 2007.

[109] Sun, Qian. Design industries and policies in the UK and China: a comparison [J]. Design Management Review, 2010,21(4):70-77.

[110] Nesta. UK Innovation Index 2014 [R]. Working Paper, 2014.

［111］Meggs P B, Purvis A W. Meggs' History of Graphic Design［M］. 4th ed. New Jersey: John Wiley, 2005.

［112］Craig L. The federal presence: grchitecture, politics and symbols in United States government buildings［M］. Cambridge: MIT Press, 1978.

［113］Woodham J M. Formulating national design policies in the United States: recycling the 'Emperor's New Clothes'?［J］. Design Issues, 2014,26(2): 27 – 46.

［114］Nichols B. Valuing the art of industrial design: a profile of the sector and its importance to manufacturing, technology, and Innovation［J］. Design Management Review, 2013,24 (4): 38 – 39.

［115］KIDP Design Strategy Team. Report on the national design policy in Korea 2004［R］. Seoul: KIDP, 2004.

［116］Korea Institute of Design Promotion (KIDP). Design Korea［R］. Seongnam-City, Republic of Korea, 2010.

［117］Chung K W. Strategies for promoting Korean design excellence［J］. Design Issues, 1998, 14(2): 3 – 15.

［118］MacLeod D. Design as an instrument of public policy in Singapore and South Korea ［R］. The Canadian Design Research Network, 2007.

［119］Raulik G. A comparative analysis of strategies for design promotion in different national contexts［D］. Wales: University of Wales. 2010.

［120］王成军. 官产学三重螺旋研究: 知识与选择［M］. 北京: 社会科学文献出版社,2005.

［121］Rothwell R. Towards the fifth—generation innovation process ［J］. International Marketing Review, 1994,11(1): 7 – 31.

［122］Bernstein B, Singh P J. An integrated innovation process model based on practices of Australian biotechnology firms［J］. Technovation, 2006(26): 1 – 23.

［123］Guan J C, Chen K H. Measuring the innovation production process: a cross—region empirical study of china's high—tech innovations［J］. Technovation, 2010(30): 67 – 89.

［124］宋丽萍. 区域创新系统绩效评价及创新能力提升路径研究［D］. 北京: 中国地质大学,2014.

［125］Arundel A, Kabla J. What percentage of Innovation are patented? experimental estates in European firm［J］. Researcher Policy, 1998(27): 127 – 142.

［126］Hagedoorn J, Cloodt M. Measuring innovative performance: is there an advantage in using multiple indicators［J］. Research Policy, 2003(32): 1365 – 1379.

［127］Gracia A G, Voigt P, Iturriagagoitia J M Z. Evaluating the performance of regional innovation systems［C］//The Capitalization of knowledge: Cognitive, Economic, Social & Cultural aspects. Turin, 2005: 18 – 21.

［128］高淑兰. 基于 DEA 的区域科技创新效率评价实证分析: 以广西为例［J］. 科技创新,2017 (17): 42 – 43.

［129］解新为. 基于改进 DEA 的区域创新绩效比较研究: 以皖江示范区八城市为例［D］. 合肥: 合肥工业大学,2013.

［130］陈岑.中国国家创新系统的效率评价与机制改进研究［D］.武汉：武汉大学,2010.

［131］Feldman M. The geograohy of innovation ［M］. Kluwer：Kluwer Academic Publishing，1994.

［132］清华大学设计战略与原型创新研究所.中国工业设计园区基础数据统计研究［M］.北京：清华大学出版社,2015.

［133］黄雪飞.工业设计产业竞争力的基本内涵、特征及理论构架［J］.创意与设计,2016(2)：15－20.

后 记

经过了近六年终于能把本书呈现出来，心中不免有很多感慨。

首先要感谢韩挺教授，韩老师治学严谨，认真负责，为人翩翩君子，为人处世都让我受益匪浅。本书撰写过程一波三折，因为选题难度大、取材困难、本职工作繁重、压力大等情况，我也曾有放弃之心，但最终坚持下来，韩老师的指导、鼓励和帮助必不可少。

然后要感谢媒体学院李本乾教授，李老师领我进学术研究之门，提出将竞争力理论和满意度模型作为本书的重要参考，在前期研究中给予了我非常多的指导。

感谢设计学院张立群老师、席涛老师在关键的参考资料和数据上的帮助。感谢船建学院刘邱佳在建模软件和数据处理上的帮助。感谢薛娇老师和安泰经管学院沈惠璋老师对管理学内容的建议，感谢戴力农老师帮忙发放问卷调查。感谢所有参与问卷调查，热心设计系统改革的设计行业从业人员，这本书是为你们写的。

学院同事们也一直非常支持我。非常谢谢你们。

感谢一直敦促我学习、支持我的家人，也谢谢我的儿子陆风禾，是在他出生后嗷嗷待哺的时间里，我下定决心把本书完成。

真诚感谢所有帮助过我的人，没有你们，这本书的完成是难以想象的。